SHUZI DIANZI JISHU SHIYAN ZHIDAO JIAOCHENG

# 数字电子技术实验指导教程

主 编 顾 涵 夏金威

副主编 鲁 宏 王浩润

苏州大学出版社
Soochow University Press

图书在版编目（CIP）数据

数字电子技术实验指导教程/顾涵，夏金威主编
. —苏州：苏州大学出版社，2022.6
ISBN 978-7-5672-3960-9

Ⅰ.①数… Ⅱ.①顾… ②夏… Ⅲ.①数字电路－电子技术－实验－教材 Ⅳ.①TN79-33

中国版本图书馆 CIP 数据核字（2022）第 089232 号

书　　名：数字电子技术实验指导教程

--------------------------------------------------

主　　编：顾　涵　夏金威
责任编辑：吴昌兴
装帧设计：刘　俊

--------------------------------------------------

出版发行：苏州大学出版社（Soochow University Press）
社　　址：苏州市十梓街1号　邮编：215006
印　　刷：江苏凤凰数码印务有限公司
邮购热线：0512-67480030
销售热线：0512-67481020

--------------------------------------------------

开　　本：718 mm×1 000 mm　1/16　印张：10.5　字数：189 千
版　　次：2022 年 6 月第 1 版
印　　次：2022 年 6 月第 1 次印刷
书　　号：ISBN 978-7-5672-3960-9
定　　价：36.00 元

--------------------------------------------------

图书若有印装错误，本社负责调换
苏州大学出版社营销部　电话：0512-67481020
苏州大学出版社网址　http://www.sudapress.com
苏州大学出版社邮箱　sdcbs@suda.edu.cn

　　《数字电子技术实验指导教程》是建立在工程技术人员已基本掌握数字电子技术相关专业理论知识的基础上，综合运用理论知识开展相关专业实验的指导教程。参考本教程可以使工程技术人员进一步掌握数字电子技术专业理论知识，掌握电子专业相关软件的使用方法，培养独立分析和解决问题的能力。

　　本教程分为数字电子技术实验概述、数字电子技术基础实验、数字电子技术应用设计实验、EDA 技术应用设计实验、Multisim 软件使用基础，主要特色如下：

　　（1）理论联系实践，针对性强。

　　教程内容具有较强的实践性，在内容选取上充分考虑了工程技术人员实际水平和参考需要。本教程着重介绍了实验案例的设计原理，增加了实验案例的剖析，有利于不同层次的工程人员开展相关实验。

　　（2）结构灵活，系统性强。

　　教程各章的编排既相互独立，又相互联系，有利于读者自主学习。本教程还具有较强的系统性，实践内容由浅入深，使工程技术人员循序渐进地掌握电子技术设计的全过程。

　　（3）软硬结合，注重能力培养。

　　利用仿真软件，通过对相关电路的仿真实例分析，工程技术人员不仅可以全方位掌握仿真软件的使用，还可以较快地明确目标，节省时间，且不受实验设备、场地的限制。在利用软件对电路进行辅助设计时，通过实验操作和硬件安装、调试，工程技术人员能够进一步积累实践经验，提高实验能力，明晰工程应用。

本教程由顾涵、夏金威、鲁宏、王浩润（企业工程师）共同编写，并由顾涵负责全书的统稿。参与本书审稿的人员有：顾涵、刘立君、张惠国、顾江、徐健。

本教程在编写过程中参考了大量国内外专家学者的文献和网络资源，同时还引用了南京润众科技有限公司编写的模拟数字电路实验说明书中的相关实验案例，得到了该公司技术人员的指导和帮助。在此，我们对教程中所引用的参考资料的作者表示衷心的感谢。苏州大学出版社的相关编辑为本书的出版付出了辛勤劳动，在此一并致谢。

由于编者水平所限，加之时间仓促，同时相关知识更新很快，教程中内容难免有疏漏和不妥之处，敬请广大读者和专家批评指正。您的建议和意见是对我们最大的鼓励和支持。

编　者

2022 年 3 月

# 目录 Contents

**第1章 数字电子技术实验概述** /1

1.1 开发模块介绍 /3

1.2 开发模块使用说明 /5

**第2章 数字电子技术基础实验** /9

2.1 数电基本模块的使用与测试 /11

2.2 门电路逻辑功能与测试 /18

2.3 组合逻辑电路（半加器、全加器） /26

2.4 编码器与译码器及其应用 /32

2.5 数据选择器及其应用 /36

2.6 触发器及其功能转换 /41

2.7 移位寄存器及其应用 /46

2.8 组合电路中的竞争冒险测试 /50

**第3章 数字电子技术应用设计实验** /57

3.1 逻辑门的应用 /59

3.2 计数、译码与显示 /63

3.3 双向移位寄存器应用 /70

3.4 555定时器 /77

3.5 SRAM存储器 /81

**第 4 章　EDA 技术应用设计实验**　/87

　　4.1　ISE 设计环境熟悉（一）　/89

　　4.2　ISE 设计环境熟悉（二）　/92

　　4.3　EDA 实验硬件熟悉　/93

　　4.4　寄存器电路设计仿真与下载　/95

　　4.5　层次化设计仿真与下载　/96

　　4.6　触发器电路设计仿真与下载　/97

　　4.7　简单电路的 VHDL 语言描述　/99

　　4.8　7 人表决器的设计　/101

　　4.9　数字秒表的设计　/104

**第 5 章　Multisim 软件使用基础**　/107

　　5.1　Multisim 软件简介　/109

　　5.2　Multisim 软件界面　/109

　　5.3　Multisim 软件常用元件库　/111

　　5.4　Multisim 软件菜单工具栏　/135

　　5.5　Multisim 软件实际应用　/140

**参考文献**　/146

**附录　Vivado 操作入门**　/147

第 ① 章

数字电子技术实验概述

## 1.1　开发模块介绍

### 1.1.1　逻辑电平及单脉冲输出模块

#### 1. 逻辑电平输出

16 个黑色自锁按键（3K1～3K16）控制 16 位逻辑电平输出（3K10～3K160 铆孔）。3K10～3K160 铆孔上方对应 3L1～3L16 红色指示灯。当一路按键红色指示灯亮时，表示此路输出高电平；当红色指示灯不亮时，表示此路输出低电平。输出电平可以用示波器或万用表测试。

#### 2. 单脉冲输出

单脉冲输出有 8 个脉冲输出口：3K17+、3K18+、3K19+、3K20+，3K17-、3K18-、3K19-、3K20-，其中 3K17+～3K20+ 为正脉冲输出口，3K17-～3K20- 为负脉冲输出口。这 4 路正负脉冲输出口的输出电平分别受下方 4 个白色小按钮（3K17～3K20）的控制。当白色按钮按下时，对应指示灯点亮，对应输出口即可输出高电平（正脉冲输出口）和低电平（负脉冲输出口）。例如：当按下 3K17 按钮时，3K17+ 为高电平，3K17- 为低电平；当不按白色按钮时，3K17+ 为低电平，3K17- 为高电平。

### 1.1.2　发光二极管和数码管显示模块

#### 1. 发光二极管显示模块

发光二极管显示模块中 16 个铆孔（4P1～4P16）为 16 个 LED 指示灯（4L1～4L16）的输入。当输入为高电平时，对应的指示灯亮；当输入为低电平时，对应的指示灯不亮。

#### 2. 数码管显示模块

数码管显示模块有 8 个数码管，其中 6 个采用 BCD 译码，2 个不译码。6 个共阴数码管（SMG3～SMG8）采用 BCD 译码，每个数码管有 5 个电平输入口，其中 D、C、B、A 分别对应 8、4、2、1，DP 为小数点控制位（在后期实验中如果需要可以使用）。电平输入口的位号，对应数码管的位号，例如：A3、B3、C3、D3、DP3 对应 SMG3；A4、B4、C4、D4、DP4 对应 SMG4，依此类推。

数码管（SMG1）为共阳接法，输入低电平时有效。数码管（SMG2）为共阴接法，输入高电平时有效。8 个电平输入口 A、B、C、D、E、F、G、DP 分别对应各段码，如图 1.1.1 所示。

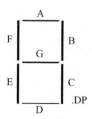

**图 1.1.1　共阳数码管**

### 1.1.3　蜂鸣器、逻辑笔和时钟输出模块

1. 蜂鸣器

BEEP 为蜂鸣器输入口，当 BEEP 接有信号或电压时，蜂鸣器会发出声音。

2. 逻辑笔

LJ 是逻辑笔的信号输入口，利用逻辑笔可以测量被测信号是高电平还是低电平。将被测信号与 LJ 相连，观察上方 3 个指示灯，红色指示灯亮表示高电平，绿色指示灯亮表示低电平，黄色指示灯亮表示高阻态。

3. 时钟输出模块

时钟输出模块下面 10 个铆孔分别输出对应 1 Hz、10 Hz、500 Hz、1 kHz、2 kHz、5 kHz、10 kHz、20 kHz、100 kHZ、1 MHz 的频率脉冲，可作为数电实验中的时钟。IO1～IO10 10 个铆孔目前已空置，但已与反面的 CPLD 芯片相连，可供学生开发用。

该模块右上方有一个 20 脚的芯片插座，以及与芯片插座引脚相对应的输入口（铆孔）。

### 1.1.4　模数（A/D）转换和数模（D/A）转换模块

该模块中除 A/D 转换和 D/A 转换外，还有运算单元、555 定时器及电容电阻区。

### 1.1.5 数字电路开发模块

两块数字电路开发模块完全相同，每个模块提供 14 芯插座 2 个，16 芯插座 2 个，20 芯插座 1 个，采用 K2A33 插孔连线，可靠接触，性能稳定。DIP 插座具有芯片映射的功能，既可以插 74 系列的芯片做实验，也可通过映射 74 系列芯片（不插芯片）做实验。后面的许多实验都是在该模块上进行的。

## 1.2 开发模块使用说明

本实验箱配有两块完全相同的开发模块。数电开发模块有 5 个 DIP 插座，每个插座均有 74 系列芯片映射功能，即实验芯片可通过 FPGA 映射，当然也可以插实物芯片进行实验。芯片映射方法如下。

### 1.2.1 通过液晶选取芯片

模块内嵌 2.4 寸液晶，液晶屏显示出模块对应的 DIP 插座和可选芯片。如图 1.2.1 所示为模块 DIP 插座在液晶上的对应位置；如图 1.2.2 所示为芯片选取界面。

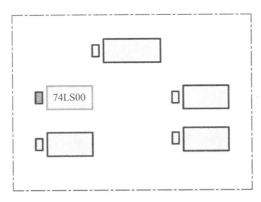

图 1.2.1 DIP 插座位置

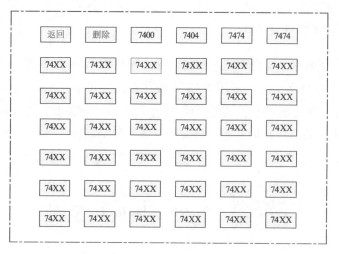

图 1.2.2  芯片选取界面

液晶下面设置了 5 个按键（图 1.2.3），分别为"上、下、左、右、确认"。用户可以选择 DIP 插座位置、该插座要插的芯片，以及删除该插座位置的芯片等。5 个按键所对应的功能如下：

S1—上、返回，S2—下，S3—左，S4—右，S5—确认。

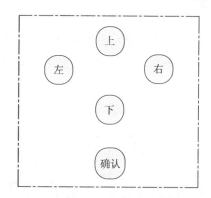

图 1.2.3  按键

① 开机后按任意键再按 S1 键进入图 1.2.1 所示界面。

② 选择插芯片的 DIP 插座，选中后插座框显示红色。

**注意**  芯片的引脚须与插座的引脚数一致。如果芯片引脚数大于插座引脚数，选择将无效；如果芯片引脚数小于插座引脚数，选择有效，但芯片相当于从左侧插入。

③ 按"确认"键进入芯片选取界面，如图 1.2.2 所示。

④ 通过"上、下、左、右"键选取芯片，按"确认"键后该芯片映射至

选中的插座，同时该插座前面的指示灯亮。按照此方法，还可以继续选取其他插座和芯片。

⑤ 如果某个插座芯片要取出（删除），可通过"上、下、左、右"键选择要删除的插座芯片，选中后的插座框为红色，然后按"确认"键回到图 1.2.2 所示界面，选取液晶屏左上角的"删除"图标（×符号），再按"确认"键，该插座芯片即被取出。取出后，该插座框内芯片标号被删除，且该插座右侧指示灯熄灭。

⑥ 图 1.2.2 界面左上角为"返回"图标，选中"返回"图标后按"确认"键，将返回图 1.2.1 所示界面。

### 1.2.2　通过 USB 线在计算机后台选取芯片

模块右下角的背面有一个 USB 接口，能连接计算机。通过配套软件，用户可以在计算机界面上选取 DIP 插座所需的开发芯片。操作界面如图 1.2.4 所示。

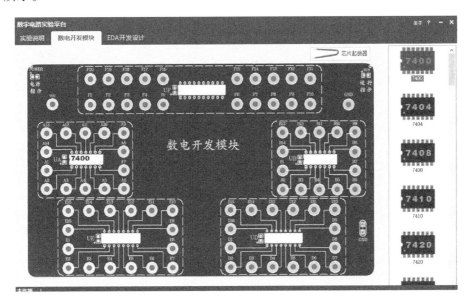

图 1.2.4　计算机操作界面

计算机后台选取芯片方法比较简单，用户可以移动鼠标选取右侧芯片，然后拖放至对应的 DIP 插座即可。放置后，该插座前指示灯亮。

第 **2** 章

数字电子技术基础实验

# 2.1　数电基本模块的使用与测试

### 2.1.1　预习要求

（1）了解实验箱数电基本模块的结构和功能，掌握其使用和测试方法。

（2）阅读实验原理部分，掌握 TTL 逻辑门的测试原理，学会查看芯片的引脚图。

### 2.1.2　实验目的

（1）了解实验箱数字基本模块的功能及其使用方法。

（2）熟悉各种门电路的逻辑功能，掌握其测试方法。

### 2.1.3　实验器材

| | |
|---|---|
| （1）实验箱数电模块 | 1 套 |
| （2）工具（示波器、万用表等） | 1 套 |
| （3）实验器件： | |
| 　　　　　74LS90　十进制计数器 | 1 片 |

### 2.1.4　实验原理

数字集成逻辑电路分成两大类：双极型电路和 MOS 型电路。双极型电路主要元件是双极型晶体管，TTL、ECL、HTL 等都属于这一类；MOS 型电路主要元件是 MOS 型场效应管，NMOS、PMOS、CMOS 等集成电路均属于该类。本书主要介绍 TTL 集成电路。

常用的 74 系列 TTL 数字逻辑电路是国际上通用的标准电路，其类型可分为 5 种，即 74×× （标准），74H×× （高速），74L×× （低功耗），74S×× （肖特基），74LS×× （低功耗肖特基）。表 2.1.1 给出了这 5 个 TTL 系列的典型特性。现在常见的还有 3 类，即 74AS×× （先进肖特基），74ALS×× （先进低功耗肖特基）和 74F×× （高速）。

表 2.1.1　74 系列小规模集成电路典型特性

| 74 系列分 类 | 逻辑门 | | 触发器 |
|---|---|---|---|
| | 平均功耗/mV | 传输延迟时间/ns | 时钟输入频率范围 |
| 74 | 10 | 10 | DC 至 35 MHz |
| 74H | 22 | 6 | DC 至 50 MHz |
| 74L | 1 | 33 | DC 至 3 MHz |
| 74S | 19 | 3 | DC 至 125 MHz |
| 74LS | 2 | 9.5 | DC 至 45 MHz |

表 2.1.1 中 5 个系列的 TTL 电路在平均功耗及传输延迟时间两个参数上有所差异，其他参数和外引线排列基本彼此兼容。实验中，大多采用 74LS 系列 TTL 集成电路芯片。

数字系统的基本单元是逻辑门，任何复杂的数字电路都是由逻辑门组成的。逻辑门可分成两类：基本门和导出门。基本门是指与、或、非 3 种逻辑门，其逻辑符号如图 2.1.1 所示；导出门是指由基本门组成的逻辑门，如与非门、或非门、与或非门、异或门、同或门等，其逻辑符号如图 2.1.2 所示。

(a) 与门　　(b) 或门　　(c) 非门

图 2.1.1　基本门逻辑符号

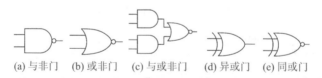

(a) 与非门　(b) 或非门　(c) 与或非门　(d) 异或门　(e) 同或门

图 2.1.2　导出门逻辑符号

逻辑门的特性分成两类：静态特性和动态特性。静态特性是指电路在稳定状态时的特性，用静态参数描述；动态特性是指电路状态变化时的特性，用动态参数来描述。表 2.1.2 给出了 5 种 4 输入与非门 7420、74H20、74L20、74S20、74LS20 的参数规范。关于表中各参数含义和测量方法，读者可查阅有关的理论书籍及器件手册。

表 2.1.2　5 种 4 输入与非门的参数规范

| 参数类型 | 参数名称 | 符号 | 器件型号 | | | | | 单位 |
|---|---|---|---|---|---|---|---|---|
| | | | 7420 | 74H20 | 74L20 | 74S20 | 74LS20 | |
| 静态 | 高电平输出电源电流 | $I_{CCH}$ | ≤4 | ≤8.4 | ≤0.4 | ≤8 | ≤0.8 | mA |
| | 低电平输出电源电流 | $I_{CCL}$ | ≤11 | ≤20 | ≤1.02 | 18 | ≤2.2 | mA |
| | 每门典型功耗 | $P$ | 10 | 22 | 1 | 19 | 2 | mW |
| | 高电平输入电流 | $I_{IH}$ | ≤40 | ≤50 | ≤10 | ≤50 | ≤20 | μA |
| | 低电平输入电流 | $I_{LL}$ | ≤\|−1.6\| | ≤\|−2\| | ≤\|−0.2\| | ≤\|−2\| | ≤\|−0.4\| | mA |
| | 高电平输出电流 | $I_{OH}$ | −400 | −500 | −200 | −1 000 | −400 | μA |
| | 低电平输出电流 | $I_{OL}$ | 16 | 20 | 3.6 | 20 | 8 | mA |
| | 高电平输入电压 | $V_{LH}$ | ≥2 | ≥2 | ≥2 | ≥2 | ≥2 | V |
| | 低电平输入电压 | $V_{LL}$ | ≤0.8 | ≤0.8 | ≤0.8 | ≤0.8 | ≤0.8 | V |
| | 高电平输出电压 | $V_{OH}$ | ≥2.4 | ≥2.4 | ≥2.4 | ≥2.7 | ≥2.7 | V |
| | 低电平输出电压 | $V_{OL}$ | ≤0.4 | ≤0.4 | ≤0.4 | ≤0.5 | ≤0.4 | V |
| 动态 | 平均传输延迟时间 | $t_{pd}$ | 10 | 6 | 33 | 3 | 9.5 | ns |

实验中，应按器件的参数规范合理、正确地使用与非门，否则电路工作时就会出现异常。这里有 3 个问题值得注意。

1. 识别电平问题

根据高/低电平输入电压 $V_{LH}$ 和 $V_{LL}$ 的取值范围，满足 $V_i \geq 2$ V 的输入电平方可被门电路确认为输入了一个高电平；满足 $V_i \leq 0.8$ V 的输入电平被确认为低电平输入。而在 $0.8$ V$<V_i<2$ V 的情况下，门电路因无法判别而不能正常工作。这种情况常常出现在门电路输出超载的场合。

2. 驱动能力问题

扇出系数 $N_0$ 是指电路能驱动同类门的数目，$N_0$ 大则驱动能力强。$N_0 = I_{OL}/I_{LL}$，其中 $I_{OL}$ 是低电平输出端允许灌入的最大负载电流，$I_{LL}$ 是同类门允许的最大输入电流值。一般情况下，$N_0 \leq 10$，实际使用中常取 $N_0 \leq 6$。负载过重会使输出端高电平值变小而低电平值变大，从而使电路工作异常。

3. 合理选用器件问题

由表 2.1.2 可见，"L" 型平均功耗仅为 1 mW，而 "LS" 型也仅为 2 mW，远低于另外 3 个类型，故在要求低功率的使用场合下应优先选择 "L" 或

"LS"类型的芯片。同样，在高速场合应首选传输时延小的"S"或"H"类型的芯片。

TTL集成逻辑门的逻辑功能是由其逻辑表达式（或真值表）表征的。表2.1.2中5种类型的芯片虽在特性参数上不尽相同，但其逻辑功能完全相同，即其逻辑表达式均为

$$Y = \overline{ABCD}$$

图2.1.3为4输入双与非门的外引线排列图（又称"引脚图"），图中$V_{CC}$（14脚）为接+5V电源端，GND（7脚）为接地端，$NC$（3，11脚）为不用端，其余各引脚分别是各门的输入、输出端。

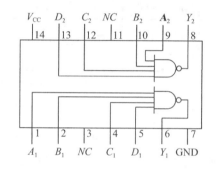

**图2.1.3 4输入双与非门的外引线排列图**

**注意** 左边缺口（或标记）下为1号引脚，它的上面为最大号引脚，按逆时针方向从小到大。我们在使用任何一种芯片之前，都应先查清其引脚排列顺序。

TTL集成逻辑门的功能测试原理很简单，即依据该种门的逻辑表达式（或真值表）。若测度结果与之相符，则说明该逻辑门功能很正常；若不符，则说明其功能不正常。

## 2.1.5 实验内容及步骤

1. 发光二极管显示模块

发光二极管显示模块共有16个发光二极管，标注为4L1～4L16，发光二极管输入端对应为4P1～4P16。当输入端为高电位时，二极管点亮；当输入端为低电位时，二极管不亮。将4L1～4L8的8个输入端用导线分别与电源或地线相连，观察各灯的亮暗状态（亮表示逻辑"1"）。

2. 逻辑电平产生模块（逻辑电平输出与单脉冲输出模块）

3K1～3K16是自锁开关，通过按自锁开关输出高（或低）电平，3L1～

3L16 红色指示灯亮为高电平，不亮为低电平。用示波器或万用表测试 3K10～3K16 在自锁开关按钮在被按与不按两种状态时的电平。

3K17～3K20 是复位按钮，可以输出单脉冲。3L17～3L20 指示单脉冲信号电平，亮时对应的 3K17+～3K20+ 为高电平，即输出正脉冲；3K17-～3K20- 为低电平，即输出负脉冲。

用示波器或万用表分别测试 3K17+～3K20+ 和 3K17-～3K20- 在按与不按复位键时的电压。

### 3. 数码显示电路

（1）数码显示电路共有 8 个数码显示管（SMG1～SMG8），SMG1 为共阳未译码数码管，使用时共阳锚孔和 $V_{cc}$ 相连，其他 8 个锚孔对应 7 段指示和小数点指标；SMG2 为共阴未译码数码管，使用时共阴锚孔和 GND 相连，其他 8 个锚孔对应 7 段指示和小数点指标。SMG3～SMG8 是 BCD 译码数码管，每个数码显示管的下方 5 个电平输入口 D、C、B、A、DP，其中 DP 为小数点控制位，在后期实验中如果需要可以使用。

（2）逻辑电平产生及数码显示功能测试。

按图 2.1.4 连线，即 3K10—A3，3K20—B3，3K30—C3，3K40—D3，3K10—4P1，3K20—4P2，3K30—4P3，3K40—4P4。打开实验箱电源和数码管显示模块右上角 4K1 开关，以 8421 码的规律按下逻辑开关（3K10～3K40），使其输出 16 种状态，观察数码管和 LED（二极管）的状态，记于表 2.1.3 中。

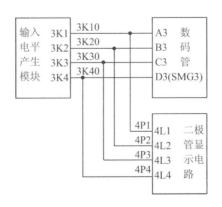

**图 2.1.4　功能测试连线示意图**

（3）对共阴、共阳数码管测试。

① 对共阴数码管（SMG2）输入电平，使之分别显示 1、3、5、7、9 等数字。

② 对共阳数码管（SMG1）输入电平，使之分别显示 2、4、6、8、0 等数字。

表 2.1.3　测试数据记录表

| 逻辑状态 | | | | 二极管显示状态 | | | | 数码显示数值 |
|---|---|---|---|---|---|---|---|---|
| 3K40 | 3K30 | 3K20 | 3K10 | 4L4 | 4L3 | 4L2 | 4L1 | SMG3 |
| 0 | 0 | 0 | 0 | | | | | |
| 0 | 0 | 0 | 1 | | | | | |
| 0 | 0 | 1 | 0 | | | | | |
| 0 | 0 | 1 | 1 | | | | | |
| 0 | 1 | 0 | 0 | | | | | |
| 0 | 1 | 0 | 1 | | | | | |
| 0 | 1 | 1 | 0 | | | | | |
| 0 | 1 | 1 | 1 | | | | | |
| 1 | 0 | 0 | 0 | | | | | |
| 1 | 0 | 0 | 1 | | | | | |
| 1 | 0 | 1 | 0 | | | | | |
| 1 | 0 | 1 | 1 | | | | | |
| 1 | 1 | 0 | 0 | | | | | |
| 1 | 1 | 0 | 1 | | | | | |
| 1 | 1 | 1 | 0 | | | | | |
| 1 | 1 | 1 | 1 | | | | | |

**4. 手动脉冲输出功能测试**

逻辑电平输出模块上方（单脉冲输出）4 个按钮 3K17～3K20 可以输出单脉冲。

（1）在数电开发模块上插上一片 74LS90，也可直接在开发板上选择内部的映射芯片 7490。映射芯片的选择详见开发板操作使用。按图 2.1.5 连接电路。电路连好后，打开电源，观察数码管的数字或符号。

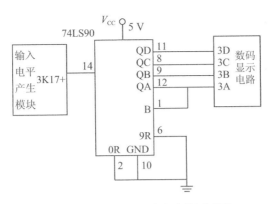

**图 2.1.5　手动脉冲输出功能测试图**

（2）断开 74LS90 的 2 脚与地线间的连线，将 2 脚与 3 脚连接高电位
（+5V），使 74LS90 清零，数码管 SMG3 显示为"0"，然后再次使 2 脚接地，3
脚悬空。

（3）按动"3K17"一次，观察 SMG3 的读数变化；再按一次，观察 SMG3
的读数变化。

（4）按照步骤（2）的方式，再次将 74LS90 清零，然后按"3K17"10
次，观察 SMG3 的显示状态，将结果记入表 2.1.4 中。

**表 2.1.4　测试结果记录表**

| 按下、松开 3K17 次数 | 未按 | 1 | 2 | 3 | 4 | 5 | 6 | 7 | 8 | 9 | 10 |
|---|---|---|---|---|---|---|---|---|---|---|---|
| SMG3 上的数字 | 0 | | | | | | | | | | |

## 2.1.6　实验报告

（1）按各步骤要求填表。

（2）回答问题：

如何数芯片的引脚？芯片在面包板上应如何接插？TTL 集成电路电源电压
是多少伏？

## 2.2　门电路逻辑功能与测试

### 2.2.1　预习要求

（1）了解门电路相应的逻辑表达式。

（2）熟悉所用集成电路的引脚排列及用途。

### 2.2.2　实验目的

（1）熟悉门电路的逻辑功能、逻辑表达式、逻辑符号、等效逻辑图。

（2）掌握数字电路实验箱及示波器的使用方法。

（3）学会检测基本门电路的方法。

### 2.2.3　实验器材

| | |
|---|---|
| （1）实验箱数电模块 | 1 套 |
| （2）工具（示波器、万用表等） | 1 套 |
| （3）实验器件： | |
| 　　　　74LS00　2 输入四与非门 | 2 片 |
| 　　　　74LS20　4 输入双与非门 | 1 片 |
| 　　　　74LS86　2 输入四异或门 | 1 片 |

### 2.2.4　实验原理

74LS00 为 4 组 2 输入与非门（正逻辑）集成电路，引脚分布如图 2.2.1(a) 所示；74LS20 是常用的双 4 输入与非门集成电路，引脚分布如图 2.2.1(b) 所示；74LS86 集成电路包含 4 个独立的 2 输入异或门，引脚分布如图 2.2.1(c) 所示。

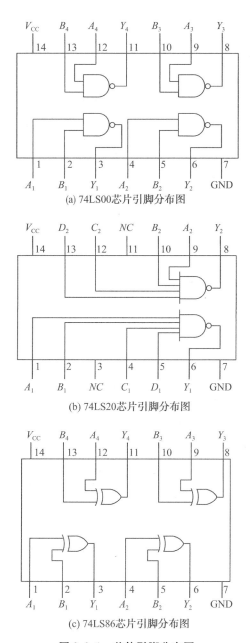

(a) 74LS00芯片引脚分布图

(b) 74LS20芯片引脚分布图

(c) 74LS86芯片引脚分布图

**图 2.2.1　芯片引脚分布图**

## 2.2.5　实验内容及步骤

　　实验前先检查实验箱电源是否正常，然后选择实验用的集成块芯片插入数电开发模块中对应的 IC 座，也可以选取开发模块中的映射芯片按入 IC 插座中，再按设计的实验接线图接好连线。注意集成块芯片不能插反。线接好后，经实验指导教师检查无误方可通电实验。实验中改动接线须先断开电源，接好线后再通电做实验。4 输入与非门 74LS20 测试电路如图 2.2.2 所示。

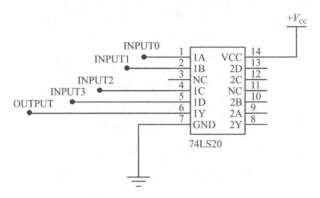

**图 2.2.2　4 输入与非门 74LS20 测试电路**

**1. 与非门电路逻辑功能的测试**

（1）选用 4 输入与非门 74LS20 一片，将其插入数字电路开发模块中对应的 IC 座（或映射芯片），按图 2.2.2 接线，输入端 1、2、4、5 分别接到逻辑电平输出口 3K10～3K40，输出端 6 接电平显示发光二极管输入端 4P1～4P16 的任意一个。注意芯片 14 脚接+5V，7 脚接地。

（2）将逻辑电平按表 2.2.1 的状态设置，分别测输出电压及逻辑状态，并将结果填入表中。

**表 2.2.1　测试结果记录表**

| 输入 | | | | 输出 | |
|---|---|---|---|---|---|
| 1（3K10） | 2（3K20） | 4（3K30） | 5（3K40） | $Y$ | 电压/V |
| H | H | H | H | | |
| L | H | H | H | | |
| L | L | H | H | | |
| L | L | L | H | | |
| L | L | L | L | | |

**2. 异或门逻辑功能的测试**

（1）选用 2 输入四异或门电路 74LS86，按图 2.2.3 接线，输入端 1、2、4、5 接逻辑电平输出口 3K40～3K10，输出端 A、B、Y 接电平显示发光二极管。

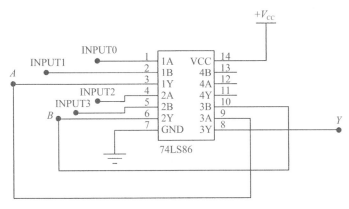

**图 2.2.3　2 输入四异或门 74LS86 测试电路**

（2）将逻辑电平按表 2.2.2 的状态设置，并将测试结果填入表中。

**表 2.2.2　测试结果记录表**

| 输入 | | | | 输出 | |
|---|---|---|---|---|---|
| 1（3K40） | 2（3K30） | 3（3K20） | 4（3K10） | $Y$ | 电压/V |
| 0 | 0 | 0 | 0 | | |
| 0 | 0 | 0 | 1 | | |
| 0 | 0 | 1 | 0 | | |
| 0 | 0 | 1 | 1 | | |
| 0 | 1 | 0 | 0 | | |
| 0 | 1 | 0 | 1 | | |
| 0 | 1 | 1 | 0 | | |
| 0 | 1 | 1 | 1 | | |
| 1 | 0 | 0 | 0 | | |
| 1 | 0 | 0 | 1 | | |
| 1 | 0 | 1 | 0 | | |
| 1 | 0 | 1 | 1 | | |
| 1 | 1 | 0 | 0 | | |
| 1 | 1 | 0 | 1 | | |
| 1 | 1 | 1 | 0 | | |
| 1 | 1 | 1 | 1 | | |

**3. 逻辑电路的逻辑关系测试**

（1）选用74LS00，按图2.2.4、图2.2.5接线，将输入、输出逻辑关系分别填入表2.2.3、表2.2.4中。

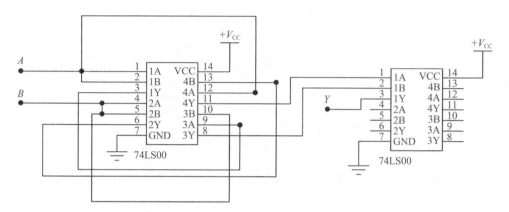

图2.2.4　逻辑关系测试电路一

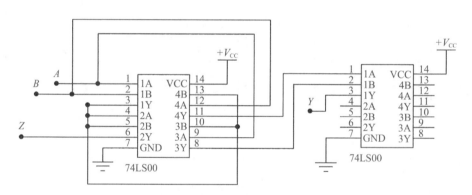

图2.2.5　逻辑关系测试电路二

表2.2.3　测试结果记录表（一）

| 输入 | | 输出 |
|---|---|---|
| $A$ | $B$ | $Y$ |
| 0 | 0 | |
| 0 | 1 | |
| 1 | 0 | |
| 1 | 1 | |

表 2.2.4　测试结果记录表 (二)

| 输入 | | 输出 | |
|---|---|---|---|
| $A$ | $B$ | $Y$ | $Z$ |
| 0 | 0 | | |
| 0 | 1 | | |
| 1 | 0 | | |
| 1 | 1 | | |

(2) 写出上面两个电路逻辑表达式, 并画出等效逻辑图。

4. 利用与非门控制输出 (选做)

选用一片 74LS00, 按图 2.2.6 接线, $S$ 接任一电平开关, 用示波器观察 $S$ 对输出脉冲的控制作用。

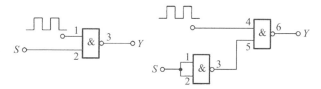

图 2.2.6　逻辑测试电路图

5. 用与非门组成其他逻辑门电路, 并验证其逻辑功能。

(1) 组成与门电路。

① 由与门的逻辑表达式 $Z=A \cdot B=\overline{\overline{A \cdot B}}$ 可知, 可以用 2 个与非门组成一个与门, 其中一个与非门用作反相器。

② 将与门及其逻辑功能测试实验原理图画在表 2.2.5 中, 按原理图连线, 检查无误后接通电源。

③ 当输入端 $A$、$B$ 为表 2.2.5 的情况时, 分别测出输出端 $Y$ 的电压或用 LED 发光管监视其逻辑状态, 并将结果记录表中。测试完毕后断开电源。

表 2.2.5　用与非门组成与门电路实验数据

| 逻辑功能测试实验原理图 | 输入 | | 输出 $Y$ | |
|---|---|---|---|---|
| | $A$ | $B$ | 电压/V | 逻辑值 |
| | | | | |
| | | | | |
| | | | | |
| | | | | |

（2）组成或门电路。

根据德·摩根定理，或门的逻辑表达式 $Z=A+B$ 可以写成 $Z=\overline{\overline{A}\cdot\overline{B}}$，因此，可以用 3 个与非门组成或门。

① 将或门及其逻辑功能测试实验原理图画在表 2.2.6 中，按原理图连线，检查无误后接通电源。

② 当输入端 $A$、$B$ 为表 2.2.6 的情况时，分别测出输出端 $Y$ 的电压或用 LED 发光管监视其逻辑状态，并将结果记录表中。测试完毕后断开电源。

表 2.2.6　用与非门组成或门电路实验数据

| 逻辑功能测试实验原理图 | 输入 | | 输出 $Y$ | |
|---|---|---|---|---|
| | $A$ | $B$ | 电压/V | 逻辑值 |
| | | | | |
| | | | | |
| | | | | |
| | | | | |

（3）组成或非门电路。

根据德·摩根定理，或非门的逻辑表达式 $Z=\overline{A+B}$ 可以写成 $Z=\overline{A}\cdot\overline{B}=\overline{\overline{\overline{A}\cdot\overline{B}}}$，因此，可以用 4 个与非门构成或非门。

① 将或非门及其逻辑功能测试实验原理图画在表 2.2.7 中，按原理图连线，检查无误后接通电源。

② 当输入端 $A$、$B$ 为表 2.2.7 的情况时，分别测出输出端 $Y$ 的电压或用 LED 发光管监视其逻辑状态，并将结果记录表中。测试完毕后断开电源。

表 2.2.7　用与非门组成或非门电路实验数据

| 逻辑功能测试实验原理图 | 输入 | | 输出 $Y$ | |
|---|---|---|---|---|
| | $A$ | $B$ | 电压/V | 逻辑值 |
| | | | | |
| | | | | |
| | | | | |
| | | | | |

（4）组成异或门电路（选做）。

由异或门的逻辑表达式 $Z=A\bar{B}+\bar{A}B=\overline{\overline{A\bar{B}}\cdot\overline{\bar{A}B}}$ 可知，可以用 5 个与非门组成异或门。但根据没有输入反变量的逻辑函数的化简方法，有

$$\bar{A}B=(\bar{A}+\bar{B})\cdot B=\overline{\overline{A+B}\cdot B}$$

同理有

$$A\bar{B}=A\cdot(\bar{A}+\bar{B})=A\cdot\overline{AB}$$

因此

$$Z=A\bar{B}+\bar{A}B=\overline{\overline{\overline{AB}B}\cdot\overline{\overline{AB}A}}$$

可用 4 个与非门组成异或门。

① 将异或门及其逻辑功能测试实验原理图画在表 2.2.8 中，按原理图连线，检查无误后接通电源。

② 当输入端 $A$、$B$ 为表 2.2.8 的情况时，分别测出输出端 $Y$ 的电压或用 LED 发光管监视其逻辑状态，并将结果记录表中。测试完毕后断开电源。

表 2.2.8　用与非门组成异或门电路实验数据

| 逻辑功能测试实验原理图 | 输入 | | 输出 $Y$ | |
|---|---|---|---|---|
| | $A$ | $B$ | 电压/V | 逻辑值 |
| | | | | |
| | | | | |
| | | | | |
| | | | | |

## 2.2.6　实验报告

（1）按各步骤要求填表，并画逻辑图。

（2）回答问题：

① 怎样判断门电路逻辑功能是否正常？

② 与非门一个输入接连续脉冲，其余端什么状态时允许脉冲通过？什么状态时禁止脉冲通过？

③ 异或门又称可控反相门，为什么？

# 2.3 组合逻辑电路（半加器、全加器）

### 2.3.1 预习要求

(1) 预习组合逻辑电路的分析方法。

(2) 预习用与非门和异或门构成的半加器、全加器的工作原理。

(3) 预习二进制数的运算。

### 2.3.2 实验目的

(1) 掌握组合逻辑电路的功能测试。

(2) 验证半加器和全加器的逻辑功能。

(3) 学会二进制数的运算规律。

### 2.3.3 实验器材

| | | |
|---|---|---|
| (1) 实验箱数电模块 | | 1 套 |
| (2) 工具（示波器、万用表等） | | 1 套 |
| (3) 实验器件： | | |
| | 74LS00　2 输入四与非门 | 3 片 |
| | 74LS86　2 输入四异或门 | 1 片 |
| | 74LS54　4 组输入与或非门 | 1 片 |
| | 74LS83　4 位二进制全加器 | 1 片 |

### 2.3.4 实验原理

74LS00 为 4 组 2 输入与非门（正逻辑）集成电路，引脚分布如图 2.3.1(a) 所示；74LS86 集成电路包含 4 个独立的 2 输入异或门，引脚分布如图 2.3.1(b) 所示；74LS54 为 4 组输入与或非门集成电路，引脚分布如图 2.3.1(c) 所示；74LS83 为 4 位二进制全加器集成电路，引脚分布如图 2.3.1(d) 所示。

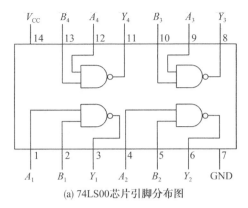

(a) 74LS00芯片引脚分布图

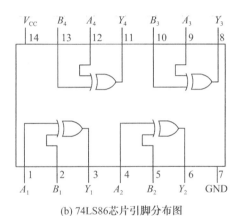

(b) 74LS86芯片引脚分布图

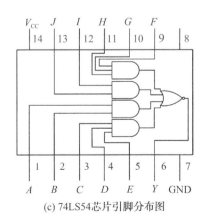

(c) 74LS54芯片引脚分布图

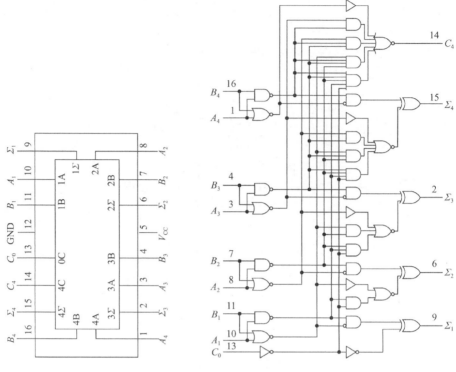

(d) 74LS83芯片引脚分布图

图 2.3.1　芯片引脚分布图

## 2.3.5　实验内容及步骤

### 1. 组合逻辑电路功能测试

（1）用 2 片 74LS00 组成如图 2.3.2 所示逻辑电路。为便于接线和检查，在图中要注明芯片编号及各引脚对应的编号，然后在数电开发模块上进行连线。

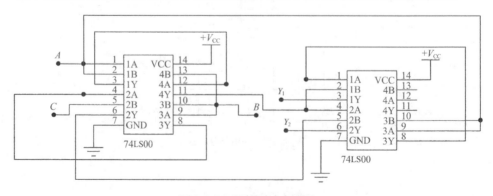

图 2.3.2　逻辑测试电路图

（2）先按图 2.3.2 写出 $Y_2$ 的逻辑表达式并化简。

（3）图中 $A$、$B$、$C$ 接逻辑开关，$Y_1$、$Y_2$ 接发光管电平显示。

（4）按表 2.3.1 要求，改变 $A$、$B$、$C$ 输入的状态，写出 $Y_1$、$Y_2$ 的输出状态。

表 2.3.1　测试结果记录表

| 输入 | | | 输出 | |
| --- | --- | --- | --- | --- |
| $A$ | $B$ | $C$ | $Y_1$ | $Y_2$ |
| 0 | 0 | 0 | | |
| 0 | 0 | 1 | | |
| 0 | 1 | 0 | | |
| 0 | 1 | 1 | | |
| 1 | 0 | 0 | | |
| 1 | 0 | 1 | | |
| 1 | 1 | 0 | | |
| 1 | 1 | 1 | | |

（5）将运算结果与实验结果进行比较。

2. 用异或门（74LS86）和与非门组成半加器电路

根据半加器的逻辑表达式可知，半加器 $Y$ 是 $A$、$B$ 的异或，而进位 $Z$ 是 $A$、$B$ 相与，即半加器可用一个异或门和两与非门组成一个电路，如图 2.3.3 所示。

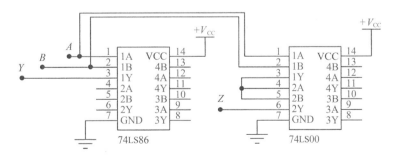

图 2.3.3　逻辑电路接线图

（1）在数字电路开发模块上插入异或门和与非门芯片。输入端 $A$、$B$ 接逻辑开关，$Z$ 接发光管电平显示。

（2）按表 2.3.2 要求，改变 $A$、$B$ 状态，写出 $Y$、$Z$ 逻辑表达式。

表 2.3.2　测试结果记录表

| 输入 | $A$ | 0 | 1 | 0 | 1 |
|---|---|---|---|---|---|
| | $B$ | 0 | 0 | 1 | 1 |
| 输出 | $Y$ | | | | |
| | $Z$ | | | | |

3. 全加器组合电路的逻辑功能测试

（1）写出图 2.3.4 电路的逻辑表达式。

（2）根据逻辑表达式列真值表。

（3）根据真值表画出逻辑函数 $S_1$、$C_1$ 的卡诺图（图 2.3.5）。

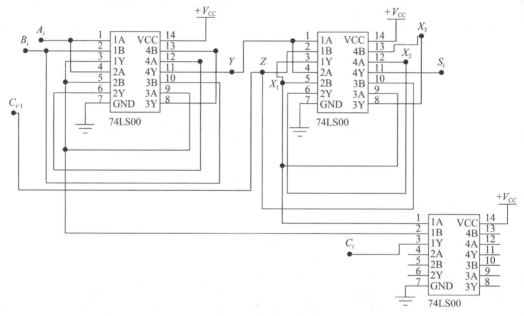

图 2.3.4　逻辑电路测试图

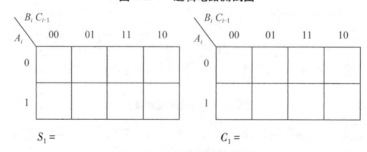

$S_1 =$　　　　　　　　$C_1 =$

图 2.3.5　逻辑函数卡诺图

（4）填写表 2.3.3 中各点状态。

表 2.3.3   测试结果记录表

| $A_i$ | $B_i$ | $C_{i-1}$ | $Y$ | $Z$ | $X_1$ | $X_2$ | $X_3$ | $S_1$ | $C_1$ |
|-------|-------|-----------|-----|-----|-------|-------|-------|-------|-------|
| 0 | 0 | 0 | | | | | | | |
| 0 | 1 | 0 | | | | | | | |
| 1 | 0 | 0 | | | | | | | |
| 1 | 1 | 0 | | | | | | | |
| 0 | 0 | 1 | | | | | | | |
| 0 | 1 | 1 | | | | | | | |
| 1 | 0 | 1 | | | | | | | |
| 1 | 1 | 1 | | | | | | | |

（5）按原理图选择与非门并在数电开发模块上接线进行测试，将测试结果记入表 2.3.3。

**4. 74LS83N 快速进位 4 位二进制全加器逻辑功能测试**

74LS83N 改进型的全加器可完成两个 4 位二进制字的加法。每一位都有和（$\Sigma$）的输出，第 4 位为总进位（$C_4$）。本加法器可对内部 4 位进行全超前进位，在 10 ns（典型）之内产生进位项。这种能力给系统设计者在经济性上提供局部的超前性能，且减少执行行波进位的封装数。

全加器的逻辑（包括进位）都采用原码形式，不需要逻辑或电平转换就可完成循环进位。

按图 2.3.6 连接线路，自拟表格，验证 74LS83N 的逻辑功能。

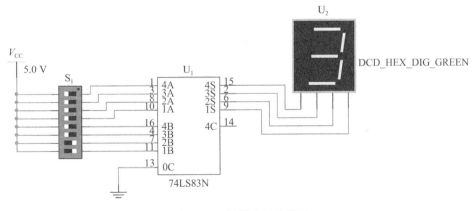

图 2.3.6   逻辑验证接线图

### 2.3.6 实验报告

（1）整理实验数据、图表，并对实验结果进行分析讨论。

（2）总结全加器卡诺图的分析方法。

（3）总结实验中出现的问题和解决的办法。

## 2.4 编码器与译码器及其应用

### 2.4.1 预习要求

复习教材中编码器与译码器的有关内容，熟悉所用器件 74LS148、74LS138 的引脚排列。

### 2.4.2 实验目的

（1）验证编码器与译码器的逻辑功能。

（2）熟悉编码器与译码器的测试方法及使用方法。

### 2.4.3 实验器材

| | |
|---|---|
| （1）实验箱数电模块 | 1 套 |
| （2）工具（示波器、万用表等） | 1 套 |
| （3）实验器件： | |

| | | |
|---|---|---|
| 74LS148 | 8 线-3 线优先编码器 | 1 片 |
| 74LS04 | 反相器 | 1 片 |
| 74LS138 | 3 线-8 线译码器 | 1 片 |

### 2.4.4 实验原理

编码器的功能是将一组信号按照一定的规律变换成一组二进制代码。74LS148 为 8 线-3 线优先编码器，有 8 个编码输入端 $I_0$、$I_l$……$I_7$ 和 3 个编码输出端 $A_2$、$A_1$、$A_0$。输出为 8421 码的反码，输入低电平有效。在逻辑关系上，

$I_7$ 为最高位，且优先级最高。其真值表见表 2.4.1。

**表 2.4.1　8 线-3 线优先编码器 74LS148 真值表**

| 输入 | | | | | | | | | 输出 | | | | |
|---|---|---|---|---|---|---|---|---|---|---|---|---|---|
| $S$ | $I_0$ | $I_1$ | $I_2$ | $I_3$ | $I_4$ | $I_5$ | $I_6$ | $I_7$ | $A_2$ | $A_1$ | $A_0$ | $Y_{EX}$ | $Y_S$ |
| 1 | × | × | × | × | × | × | × | × | 1 | 1 | 1 | 1 | 1 |
| 0 | × | × | × | × | × | × | × | 0 | 0 | 0 | 0 | 0 | 1 |
| 0 | × | × | × | × | × | × | 0 | 1 | 0 | 0 | 1 | 0 | 1 |
| 0 | × | × | × | × | × | 0 | 1 | 1 | 0 | 1 | 0 | 0 | 1 |
| 0 | × | × | × | × | 0 | 1 | 1 | 1 | 0 | 1 | 1 | 0 | 1 |
| 0 | × | × | × | 0 | 1 | 1 | 1 | 1 | 1 | 0 | 0 | 0 | 1 |
| 0 | × | × | 0 | 1 | 1 | 1 | 1 | 1 | 1 | 0 | 1 | 0 | 1 |
| 0 | × | 0 | 1 | 1 | 1 | 1 | 1 | 1 | 1 | 1 | 0 | 0 | 1 |
| 0 | 0 | 1 | 1 | 1 | 1 | 1 | 1 | 1 | 1 | 1 | 1 | 0 | 1 |
| 0 | 1 | 1 | 1 | 1 | 1 | 1 | 1 | 1 | 1 | 1 | 1 | 1 | 0 |

注：$S$ 为使能端，$Y_S$ 为选通输出端，$Y_{EX}$ 为扩展输出端。

译码器的功能是将具有特定含义的二进制码转换成相应的控制信号。74LS138 为 3 线-8 线译码器，有 3 个使能输入端，3 个地址输入端，8 个输出端。

### 2.4.5　实验内容及步骤

1. 8 线-3 线优先编码器功能测试

8 线-3 线优先编码器 74LS148 和反相器 74LS04 的引脚分布如图 2.4.1 所示。

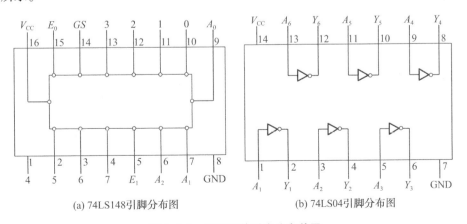

(a) 74LS148引脚分布图　　　　(b) 74LS04引脚分布图

**图 2.4.1　两型芯片引脚分布装图**

（1）在数电开发模块上按图 2.4.2 对优先编码器 74LS148 和反相器 74LS04 进行连线。连线时注意对照图 2.4.1 的引脚分布。

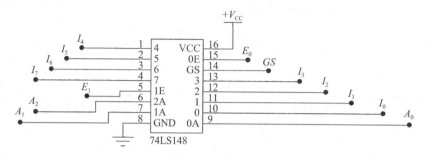

**图 2.4.2　逻辑测试电路图**

（2）在输入端按照表 2.4.2 加入高低电平［"0"态接地，"1"态接 $+V_{cc}$（+5 V）］，用万用表测试输出电压，并将测试结果填入表 2.4.2 中。

**表 2.4.2　测量优先编码器真值表**

| 输入 | | | | | | | | | 输出 | | | | |
|---|---|---|---|---|---|---|---|---|---|---|---|---|---|
| $E_1$ | $I_0$ | $I_1$ | $I_2$ | $I_3$ | $I_4$ | $I_5$ | $I_6$ | $I_7$ | $A_2$ | $A_1$ | $A_0$ | $E_0$ | $GS$ |
| 1 | × | × | × | × | × | × | × | × | | | | | |
| 0 | × | × | × | × | × | × | × | 0 | | | | | |
| 0 | × | × | × | × | × | × | 0 | 1 | | | | | |
| 0 | × | × | × | × | × | 0 | 1 | 1 | | | | | |
| 0 | × | × | × | × | 0 | 1 | 1 | 1 | | | | | |
| 0 | × | × | × | 0 | 1 | 1 | 1 | 1 | | | | | |
| 0 | × | × | 0 | 1 | 1 | 1 | 1 | 1 | | | | | |
| 0 | × | 0 | 1 | 1 | 1 | 1 | 1 | 1 | | | | | |
| 0 | 0 | 1 | 1 | 1 | 1 | 1 | 1 | 1 | | | | | |
| 0 | 1 | 1 | 1 | 1 | 1 | 1 | 1 | 1 | | | | | |

2. 3 线–8 线译码器功能测试

3 线–8 线译码器 74LS138 的引脚分布如图 2.4.3 所示。

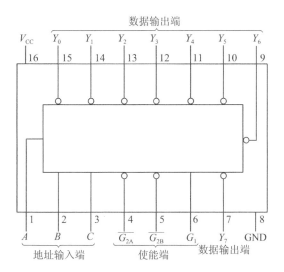

**图 2.4.3　74LS138 的引脚分布**

（1）在数字电路开发模块上按图 2.4.4 进行连线，连线时需要对照图 2.4.3 引脚分布。将 3 线-8 线译码器 74LS138 输入端按照表 2.4.3 加入高低电平，再用万用表测试输出电压，并将测试结果填入表 2.4.3 中。

（2）译码器作为数据分配器。按图 2.4.4 接线，在脉冲输入端 $D$ 加 $f=1$ kHz 的矩形脉冲，同时用示波器观察地址输入为 $A_2A_1A_0 = 000$、$010$、$100$、$111$ 时的输入和输出端的波形，并按时间关系将输入、输出波形记录下来。

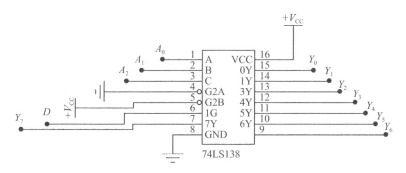

**图 2.4.4　3 线-8 线译码器接线图**

表 2.4.3  测量 3 线−8 线译码器真值表

| 输入 | | | | | 输出 | | | | | | | |
|---|---|---|---|---|---|---|---|---|---|---|---|---|
| $G_1$ | $G_{2A}+G_{2B}$ | $A_2$ | $A_1$ | $A_0$ | $Y_0$ | $Y_1$ | $Y_2$ | $Y_3$ | $Y_4$ | $Y_5$ | $Y_6$ | $Y_7$ |
| 1 | 0 | 0 | 0 | 0 | | | | | | | | |
| 1 | 0 | 0 | 0 | 1 | | | | | | | | |
| 1 | 0 | 0 | 1 | 0 | | | | | | | | |
| 1 | 0 | 0 | 1 | 1 | | | | | | | | |
| 1 | 0 | 1 | 0 | 0 | | | | | | | | |
| 1 | 0 | 1 | 0 | 1 | | | | | | | | |
| 1 | 0 | 1 | 1 | 0 | | | | | | | | |
| 1 | 0 | 1 | 1 | 1 | | | | | | | | |
| 0 | × | × | × | × | | | | | | | | |
| × | 1 | × | × | × | | | | | | | | |

### 2.4.6  实验报告

（1）作出实测的 74LS148、74LS138 的真值表。画出图 2.4.4 实测的输入、输出波形。

（2）讨论两个器件输入、输出有效电平及使能端的作用。

（3）回答问题：

① 74LS138 输入使能端有哪些功能？74LS148 输入、输出使能端有什么功能？

② 怎样将 74LS138 扩展为 4 线−16 线译码器？

## 2.5  数据选择器及其应用

### 2.5.1  预习要求

（1）复习教材中数据选择器的有关内容，熟悉 74LS153 的引脚分布。

（2）熟悉用数据选择器做逻辑函数产生器的原理。

### 2.5.2　实验目的

（1）熟悉数据选择器的基本功能及测试方法。

（2）学习用数据选择器做逻辑函数产生器的方法。

### 2.5.3　实验器材

| | |
|---|---|
| （1）实验箱数电模块 | 1 套 |
| （2）工具（示波器、万用表等） | 1 套 |
| （3）实验器件： | |
| 　　　　74LS153　双 4 选 1 数据选择器 | 1 片 |

### 2.5.4　实验原理

数据选择器的逻辑功能是从多个输入信号中选择一个信号。74LS153 是 1 个双 4 选 1 数据选择器，其逻辑接线图如图 2.5.1 所示，功能表如表 2.5.1 所示。显然，该器件的逻辑表达式为

$$Y=\overline{G}\,(\,\overline{B}\overline{A}C_0+\overline{B}AC_1+B\overline{A}C_2+BAC_3)$$

式中：$C_0$、$C_1$、$C_2$、$C_3$ 为 4 个数据输入端；$Y$ 为输出端；$G$ 为使能端，在 $G=1$ 时，$Y=0$，而在 $G=0$ 时使能。

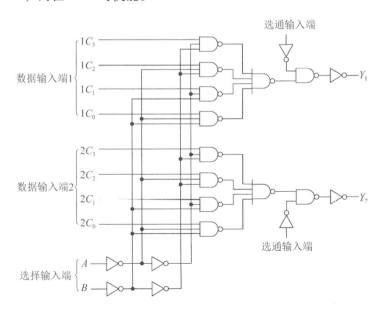

图 2.5.1　74LS153 逻辑接线图

表 2.5.1 功能表

| 选择输入端 | | 数据输入端 | | | | 选通输入端 | 输出端 |
|---|---|---|---|---|---|---|---|
| $B$ | $A$ | $C_0$ | $C_1$ | $C_2$ | $C_3$ | $G$ | $Y$ |
| × | × | × | × | × | × | 1 | 0 |
| 0 | 0 | 0 | × | × | × | 0 | 0 |
| 0 | 0 | 1 | × | × | × | 0 | 1 |
| 0 | 1 | × | 0 | × | × | 0 | 0 |
| 0 | 1 | × | 1 | × | × | 0 | 1 |
| 1 | 0 | × | × | 0 | × | 0 | 0 |
| 1 | 0 | × | × | 1 | × | 0 | 1 |
| 1 | 1 | × | × | × | 0 | 0 | 0 |
| 1 | 1 | × | × | × | 1 | 0 | 1 |

　　选择输入 $A$ 和 $B$ 为两部分共用。

　　数据选择器是一种通用性很强的功能件，其功能可扩展。当需要输入通道数目较多的多路器时，可采用多级结构或灵活运用选通端功能来扩展输入通道数目。

　　2 片 4 选 1 数据选择器可构成 8 选 1 的逻辑电路（图 2.5.2），这是利用选通端来达到扩展输入通道的目的。请给出其功能表。

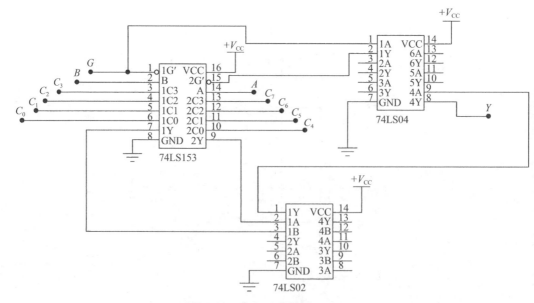

图 2.5.2　2 个 4 选 1 构成 8 选 1 电路

采用图 2.5.3 所示的两级结构电路也可构成 8 选 1 数据选择器。不妨思考一下，用 5 片 4 选 1 构成 16 选 1 数据选择器，电路应该怎样连接？

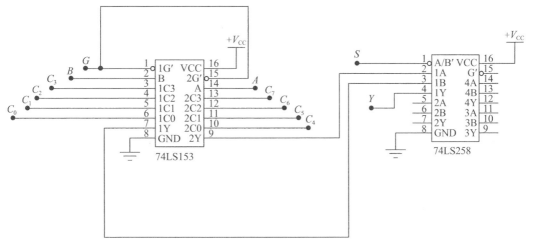

图 2.5.3　两级结构构成 8 选 1 电路

应用数据选择器可以方便而有效地设计组合逻辑电路，其可靠性及成本方面均优于用小规模电路设计的逻辑电路。例如：用一个 4 选 1 数据选择器可以实现任意三变量的逻辑函数；用一个 8 选 1 数据选择器可以实现任意四变量的逻辑函数；当变量数目较多时，设计方法是合理地选用地址变量，通过对函数的运算，确定各数据输入端的输入方程，还可用多级数据选择器实现之。

例如：利用 4 选 1 数据选择器实现三变量函数 $F = AB + BC + AC$。将表达式整理得 $F = \overline{B}\,\overline{A} \cdot 0 + \overline{B}AC + B\overline{A}C + AB \cdot 1$，对应于 4 选 1 的逻辑表达式显然有 $C_0 = 0$，$C_1 = C_2 = C$，$C_3 = 1$。利用 4 选 1 数据选择器实现三变量函数电路如图 2.5.4 所示。

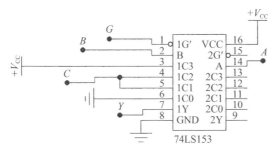

图 2.5.4　利用 4 选 1 数据选择器实现三变量函数电路

利用数据选择器也可以将并行码变为串行码。其方法是将并行码送入数据选择器的输入端，并使其选择控制端按一定编码顺序变化，就可以在输出端得到相应的串行码输出。

### 2.5.5　实验内容及步骤

（1）将双 4 选 1 数据选择器 74LS153 参照图 2.5.5 接线，测试其功能，并填写表 2.5.2。

（2）将时钟输出的脉冲信号源中 $S_c$、$S_1$ 两个不同频率的信号，接到数据选择器任意 2 个输入端，将选择端置位，使输出端可分别观察到 $S_c$，$S_1$ 信号。

（3）分析上述实验结果，总结数据选择器作用，并画出波形。

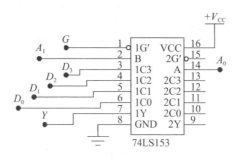

图 2.5.5　74LS153 引脚分布图

表 2.5.2　测试结果记录表

| 选择输入端 | | 数据输入端 | | | | 选通输入端 | 输出端 |
|---|---|---|---|---|---|---|---|
| $A_1$ | $A_0$ | $D_0$ | $D_1$ | $D_2$ | $D_3$ | $G$ | $Y$ |
| × | × | × | × | × | × | 1 | |
| 0 | 0 | 0 | × | × | × | 0 | |
| 0 | 0 | 1 | × | × | × | 0 | |
| 0 | 1 | × | 0 | × | × | 0 | |
| 0 | 1 | × | 1 | × | × | 0 | |
| 1 | 0 | × | × | 0 | × | 0 | |
| 1 | 0 | × | × | 1 | × | 0 | |
| 1 | 1 | × | × | × | 0 | 0 | |
| 1 | 1 | × | × | × | 1 | 0 | |

### 2.5.6　实验报告

整理实验数据及结果，按要求填写表格，总结数据选择器的基本功能及其应用。

# 2.6　触发器及其功能转换

## 2.6.1　预习要求

（1）复习教材中触发器的有关内容，熟悉 74LS74、74LS76 的引脚分布。
（2）熟悉各类芯片搭建功能转换电路的实验操作注意点。

## 2.6.2　实验目的

（1）熟悉并掌握 RS、D、JK 触发器的特性和功能测试方法。
（2）学会正确使用触发器集成芯片。
（3）了解不同逻辑功能 FF 相互转换的方法。

## 2.6.3　实验器材

（1）实验箱数电模块　　　　　　　　　　　　　　　1 套
（2）工具（示波器、万用表等）　　　　　　　　　　1 套
（3）实验器件：

　　　　　74LS00　2 输入四与非门　　　　　　1 片
　　　　　74LS74　双 D 触发器　　　　　　　　1 片
　　　　　74LS76　双 JK 触发器　　　　　　　 1 片

## 2.6.4　实验原理

74LS00 为 4 组 2 输入与非门（正逻辑）集成电路，引脚分布如图 2.6.1(a)所示；74LS74 是常用的双 D 触发器集成电路，引脚分布如图 2.6.1(b)所示；74LS76 是常用的双 JK 触发器集成电路，引脚分布如图 2.6.1(c)所示。

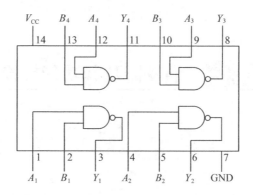

(a) 74LS00芯片引脚分布图

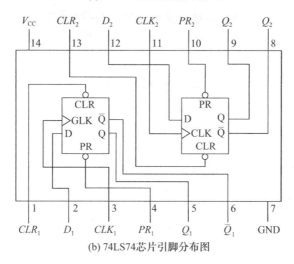

(b) 74LS74芯片引脚分布图

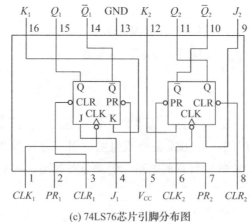

(c) 74LS76芯片引脚分布图

图 2.6.1　芯片引脚分布图

## 2.6.5　实验内容及步骤

### 1. 基本 RS 触发器功能测试

两个 TTL 与非门首尾相接构成的基本 RS 触发器的电路如图 2.6.2 所示。

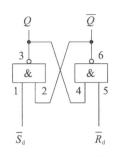

图 2.6.2　基本 RS 触发器

（1）试按下面的顺序在 SR 端加信号：

$\bar{S}_d = 0$　　$\bar{R}_d = 1$

$\bar{S}_d = 1$　　$\bar{R}_d = 1$

$\bar{S}_d = 1$　　$\bar{R}_d = 0$

$\bar{S}_d = 1$　　$\bar{R}_d = 1$

观察并记录触发器的 $Q$、$\bar{Q}$ 端的状态，将结果填入表 2.6.1 中，并说明在上述各种输入状态下，RS 执行的是什么逻辑功能？

表 2.6.1　测试结果记录表

| $\bar{S}_d$ | $\bar{R}_d$ | $Q$ | $\bar{Q}$ | 逻辑功能 |
|---|---|---|---|---|
| 0 | 1 | | | |
| 1 | 1 | | | |
| 1 | 0 | | | |
| 1 | 1 | | | |

（2）$\bar{S}_d$ 端接低电平，$\bar{R}_d$ 端加点动脉冲。

（3）$\bar{S}_d$ 端接高电平，$\bar{R}_d$ 端加点动脉冲。

（4）令 $\bar{R}_d = \bar{S}_d$，$\bar{S}_d$ 端加脉冲。

记录并观察（2）、（3）、（4）3 种情况下，$Q$、$\bar{Q}$ 端的状态。从中你能否总结出基本 RS 的 $Q$ 或 $\bar{Q}$ 端的状态改变和输入端 $\bar{S}_d$、$\bar{R}_d$ 的关系。

（5）当 $\bar{S}_d$、$\bar{R}_d$ 都接低电平时，观察 $Q$、$\bar{Q}$ 端的状态。当 $\bar{S}_d$、$\bar{R}_d$ 同时由低电平跳为高电平时，注意观察 $Q$、$\bar{Q}$ 端的状态。重复 3~5 次，观察 $Q$、$\bar{Q}$ 端的状态是否相同，以正确理解"不定"状态的含义。

### 2. 维持−阻塞型 D 触发器功能测试

双 D 型正边沿维持−阻塞型触发器 74LS74 的逻辑符号如图 2.6.3 所示。

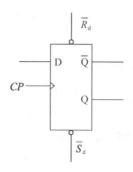

**图 2.6.3  D 触发器的逻辑符号**

图中 $\bar{S}_d$、$\bar{R}_d$ 端为异步置 1 端、置 0 端（或称异步置位，复位端），$CP$ 为时钟脉冲端。

试按下面步骤做实验：

（1）分别在 $\bar{S}_d$、$\bar{R}_d$ 端加低电平，观察并记录 $Q$、$\bar{Q}$ 端的状态。

（2）令 $\bar{S}_d$、$\bar{R}_d$ 端为高电平，$D$ 端分别接高、低电平，用点动脉冲作为 $CP$，观察并记录当 $CP$ 为 0、↑、1、↓ 时，$Q$ 端状态的变化。

（3）当 $\bar{S}_d = \bar{R}_d = 1$、$CP = 0$（或 $CP = 1$）时，改变 $D$ 端信号，观察 $Q$ 端的状态是否变化？

整理上述实验数据，将结果填入表 2.6.2 中。

**表 2.6.2  测试结果记录表**

| $\bar{S}_d \bar{R}_d$ | $CP$ | $D$ | $Q^n$ | $Q^{n+1}$ |
|---|---|---|---|---|
| 0  1 | × | × | 0 | |
| | | | 1 | |
| 1  0 | × | × | 0 | |
| | | | 1 | |
| 1  1 | ⌐ | 0 | 0 | |
| | | | 1 | |
| 1  1 | ⌐ | 1 | 0 | |
| | | | 1 | |
| 1  1 | 0 (1) | × | 0 | |
| | | | 1 | |

（4）令 $\bar{S}_d = \bar{R}_d = 1$，将 $D$ 和 $Q$ 端相连，$CP$ 端加连续脉冲，用双踪示波器

观察并记录 $Q$ 相对于 $CP$ 的波形。测试波形图如图 2.6.4 所示。

**图 2.6.4　测试波形图**

3. 双 JK 负边沿触发器功能测试

双 JK 负边沿触发器 74LS76 芯片的逻辑符号如图 2.6.5 所示。

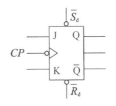

**图 2.6.5　JK 触发器的逻辑符号**

自拟实验步骤，测试其功能，并将结果填入表 2.6.3 中。若令 $J=K=1$，$CP$ 端加连续脉冲，用双踪示波器观察 $Q$ 端和 $CP$ 波形。试将 D 触发器的 $D$ 和 $Q$ 端相连，观察 $Q$ 端和 $CP$ 的波形，并与之前波形相比较，有何异同点？

**表 2.6.3　测试结果记录表**

| $\overline{S}_d\overline{R}_d$ | $CP$ | $J$ | $K$ | $Q$ | $Q^{n+1}$ |
|---|---|---|---|---|---|
| 0　1 | × | × | × | × | |
| 1　0 | × | × | × | × | |
| 1　1 | ⅃ | 0 | × | 0 | |
| 1　1 | ⅃ | 1 | × | 0 | |
| 1　1 | ⅃ | × | 0 | 1 | |
| 1　1 | ⅃ | × | 1 | 1 | |

4. 触发器功能转换

（1）将 D 触发器和 JK 触发器转换成 T 触发器，列出表达式，画出实验电路图。

（2）接入连续脉冲，观察各触发器 $CP$ 及 $Q$ 端波形，比较两者关系。测试波形图如图 2.6.6 所示。

（3）自拟实验数据表，并填写之。

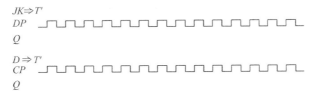

**图 2.6.6　测试波形图**

### 2.6.6　实验报告

（1）整理实验数据并填表。

（2）写出实验内容 3、4 的详细实验步骤及表达式。

（3）画出触发器功能转换的电路图并设计相应表格。

（4）总结各类触发器特点。

## 2.7　移位寄存器及其应用

### 2.7.1　预习要求

（1）复习有关寄存器内容。

（2）查阅 74LS194 引脚排列。

### 2.7.2　实验目的

掌握中规模 4 位双向移位寄存器逻辑功能及测试方法。

### 2.7.3　实验器材

| | |
|---|---|
| （1）实验箱数电模块 | 1 套 |
| （2）工具（示波器、万用表等） | 1 套 |
| （3）实验器件： | |
| 　　　　74LS194　移位寄存器 | 1 片 |

### 2.7.4　实验原理

在数字系统中能寄存二进制信息，并进行移位的逻辑部件称为移位寄存器。移位寄存器按存储信息的方式分为串入串出、串入并出、并入串出、并入并出 4 种形式，按移位方向分为左移、右移两种形式。

本实验采用 4 位双向通用移位寄存器，型号为 74LS194，引脚分布如图 2.7.1 所示，$D_A$、$D_B$、$D_C$、$D_D$ 为并行输入端，$Q_A$、$Q_B$、$Q_C$、$Q_D$ 为并行输出端，$S_R$ 为右移串行输入端，$S_L$ 为左移串行输入端，$S_1$、$S_0$ 为操作模式控制端；

$\overline{CR}$为直接无条件清零端，$CP$ 为时钟输入端。

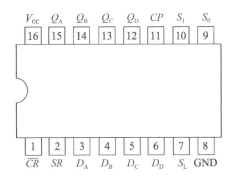

**图 2.7.1　移位寄存器 74LS194 引脚分布图**

寄存器有 4 种不同操作模式：① 并行寄存；② 右移（方向 $Q_A \to Q_D$）；③ 左移（方向 $Q_D \to Q_A$）；④ 保持。$S_1$、$S_0$ 和 $\overline{CR}$ 的功能如表 2.7.1 所示。

**表 2.7.1　功能表**

| $CP$ | $\overline{CR}$ | $S_1$ | $S_0$ | 功能 | $Q_A$、$Q_B$、$Q_C$、$Q_D$ |
|---|---|---|---|---|---|
| × | 0 | × | × | 清除 | $\overline{CR}=0$，使 $Q_A Q_B Q_C Q_D = 0$，寄存器正常工作时，$\overline{CR}=1$ |
| ↑ | 1 | 1 | 1 | 送数 | $CP$ 上升沿作用后，并行输入数据送入寄存器，此时有 $Q_A Q_B Q_C Q_D = D_A D_B D_C D_D$，串行数据（$S_R$、$S_L$）被禁止 |
| ↑ | 1 | 0 | 1 | 右移 | 串行数据送至右移输入端 $S_R$，$CP$ 上升沿进行右移。$Q_A Q_B Q_C Q_D = S_R Q_A Q_B Q_C$ |
| ↑ | 1 | 1 | 0 | 左移 | 串行数据送至左移输入端 $S_L$，$CP$ 上升沿进行左移。$Q_A Q_B Q_C Q_D = Q_B Q_C Q_D S_L$ |
| ↑ | 1 | 0 | 0 | 保持 | $CP$ 作用后寄存器内容保持不变。$Q_A^n Q_B^n Q_C^n Q_D^n = Q_A Q_B Q_C Q_D$ |
| ↑ | 1 | × | × | 保持 | $Q_A^n Q_B^n Q_C^n Q_D^n = Q_A Q_B Q_C Q_D$ |

移位寄存器应用很广，可构成移位寄存器型计数器、顺序脉冲发生器、串行累加器，还可用作数据转换，即把串行数据转换为并行数据，或把并行数据转换为串行数据等。本实验研究移位寄存器用作环形计数器和串行累加器的情况。

把移位寄存器的输出反馈到其串行输入端，就可以进行循环移位。在如图 2.7.2(a) 所示的 4 位寄存器中，把输出 $Q_D$ 和右移串行输入端 $S_R$ 相连接，设初始状态 $Q_A Q_B Q_C Q_D = 1000$，则在时钟脉冲作用下 $Q_A Q_B Q_C Q_D$ 将依次变为 $0100 \rightarrow 0010 \rightarrow 0001 \rightarrow 1000 \rightarrow \cdots\cdots$。其波形如图 2.7.2（b）所示。可见它是一个具有 4 个有效状态的计数器。图 2.7.2(a) 所示电路可以由各个输出端输出在时间上有先后顺序的脉冲，因此它也可作为顺序脉冲发生器。

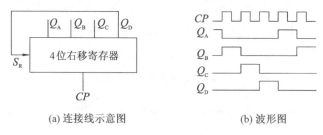

(a) 连接线示意图        (b) 波形图

**图 2.7.2   移位寄存器连线示意及波形图**

### 2.7.5   实验内容及步骤

现测试移位寄存器 74LS194 的逻辑功能。按图 2.7.3 接线，$\overline{CR}$、$S_1$、$S_0$、$S_L$、$S_R$、$D_A$、$D_B$、$D_C$、$D_D$ 分别接逻辑开关，$Q_A$、$Q_B$、$Q_C$、$Q_D$ 接发光二极管，$CP$ 接单次脉冲源。按表 2.7.2 所规定的输入状态，逐项进行测试。

（1）清除。令 $\overline{CR} = 0$，其他输入均为任意状态，这时寄存器输出 $Q_A$、$Q_B$、$Q_C$、$Q_D$ 均为零。清除功能完成后，置 $\overline{CR} = 1$。

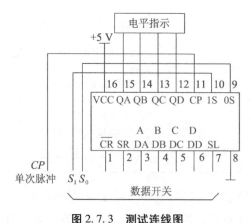

**图 2.7.3   测试连线图**

表 2.7.2　实验记录表

| 清除 | 模式 | | 时钟 | 串行 | | 输入 | 输出 | 功能 |
|---|---|---|---|---|---|---|---|---|
| $\overline{CR}$ | $S_1$ | $S_0$ | $CP$ | $S_L$ | $S_R$ | $D_A D_B D_C D_D$ | $Q_A Q_B Q_C Q_D$ | |
| 0 | × | × | × | × | × | ×××× | | |
| 1 | 1 | 1 | ↑ | × | × | abcd | | |
| 1 | 0 | 1 | ↑ | × | 0 | ×××× | | |
| 1 | 0 | 1 | ↑ | × | 1 | ×××× | | |
| 1 | 0 | 1 | ↑ | × | 0 | ×××× | | |
| 1 | 0 | 1 | ↑ | × | 0 | ×××× | | |
| 1 | 1 | 0 | ↑ | 1 | × | ×××× | | |
| 1 | 1 | 0 | ↑ | 1 | × | ×××× | | |
| 1 | 1 | 0 | ↑ | 1 | × | ×××× | | |
| 1 | 1 | 0 | ↑ | 1 | × | ×××× | | |
| 1 | 0 | 0 | ↑ | × | × | ×××× | | |

（2）送数。令 $\overline{CR} = S_1 = S_0 = 1$，送入任意 4 位二进制数，如 $D_A D_B D_C D_D = abcd$，加 $CP$ 脉冲，观察 $CP = 0$、$CP$ 由 $0 \to 1$，$CP$ 由 $1 \to 0$ 这 3 种情况下寄存器输出状态的变化，分析寄存器输出状态变化是否发生在 $CP$ 脉冲上升沿，记录之。

（3）右移。令 $\overline{CR} = 1$、$S_1 = 0$、$S_0 = 1$，清零，或用并行送数字置寄存器输出。由右移输入端 $S_R$ 送入二进制数码，如 0100，由 $CP$ 端连续加 4 个脉冲，观察输出端情况，记录之。

（4）左移。令 $\overline{CR} = 1$、$S_1 = 1$、$S_0 = 0$，先清零或预置，由左移输入端 $S_L$ 送入二进制数码，如 1111，连续加 4 个 $CP$ 脉冲，观察输出情况，记录之。

（5）保持。寄存器预置任意 4 位二进制数码 abcd，令 $\overline{CR} = 1$，$S_1 = S_0 = 0$，加 $CP$ 脉冲，观察寄存器输出状态，记录之。

## 2.7.6　实验报告

（1）分析表 2.7.2 的实验记录，总结移位寄存器 74LS194 的逻辑功能，并写入表格功能一栏中。

（2）回答问题：

① 在对 74LS194 进行送数后，若要使输出端改成另外的数码，是否一定要使寄存器清零？

② 使寄存器清零，除采用 $\overline{CR}$ 输入低电平外，可否采用右移或左移的方法？可否使用并行送数法？若可行，如何进行操作？

# 2.8 组合电路中的竞争冒险测试

## 2.8.1 预习要求

（1）复习有关组合电路中的竞争冒险测试内容。

（2）查阅 74LS00 和 74LS20 引脚分布。

## 2.8.2 实验目的

（1）观察组合电路中的竞争冒险现象。

（2）了解消除竞争冒险现象的方法。

## 2.8.3 实验器材

| | | |
|---|---|---|
| （1）实验箱数电模块 | | 1 套 |
| （2）工具（示波器、万用表等） | | 1 套 |
| （3）实验器件： | | |
| 74LS00 | 2 输入四与非门 | 3 片 |
| 74LS20 | 4 输入双与非门 | 1 片 |
| 330 pF | 电容 | 1 个 |

## 2.8.4 实验原理

### 1. 竞争冒险现象及其成因

在组合逻辑电路中信号的传输可以通过不同的路径而汇合到某一门的输入端上。由于门电路的传输延迟，各路信号对于汇合点会有一定的时差。这种现象称为竞争。这个时候若电路的输出产生了错误输出，则称此现象为逻辑冒险现象。一般说来，在组合逻辑电路中，如果有 2 个或 2 个以上的信号参差地加到同一门的输入端，在门的输出端得到稳定的输出之前，可能出现短暂的、不是原设计要求的错误输出，其形状是一个宽度仅为时差的窄脉冲，通常称为尖峰脉冲或毛刺。

2. 检查竞争冒险现象的方法

在输入变量每次只有一个改变状态的简单情况下，如果输出门电路的 2 个输入信号 $A$ 和 $\bar{A}$ 是输入变量 $A$ 经过 2 个不同的传输途径而来的，那么当输入变量的状态发生突变时，输出端便有可能产生 2 个尖峰脉冲。因此，只要输出端的逻辑函数在一定条件下化简成 $\bar{Y}=A+\bar{A}$ 或 $\bar{Y}=A\bar{A}$ 就可判断存在竞争冒险。

3. 消除竞争冒险现象的方法

（1）接入滤波电路。在输入端并接一个很小的滤波电容 $C_f$，足可把尖峰脉冲的幅度削弱至门电中的阈值电压以下。

（2）引入选通脉冲。对输出引进选通脉冲，可避开险象。

（3）修改逻辑设计。在逻辑函数化简选择乘积项时，按照判断组合电路是否存在竞争冒险的方法，选择使逻辑函数不会产生竞争冒险的乘积项，也可采用增加冗余项方法。

组合逻辑电路出现险象是一个重要的实际问题。当设计出一个组合电路，安装后应首先进行静态测试，也就是用逻辑开关按真值表依次改变输入量，验证其逻辑功能。然后，进行动态测试，观察是否存在冒险。如果电路存在险象，但不影响下一级电路的正常工作，就不必采取消除险象的措施；如果影响下一级电路的正常工作，就要分析险象的原因，然后根据不同的情况采取措施对险象进行消除。

## 2.8.5　实验内容及步骤

实现函数 $F=AB+\bar{B}C\bar{D}+\bar{A}CD$，并假定输入只有原变量，即无反变量输入，具体步骤如下。

① 画出逻辑图，易于观察电路的竞争冒险现象。

② 列出真值表。

③ 静态测试，即按真值表验证其逻辑功能。

④ 观察变量 $A$ 变化过程中的险象，并测出毛刺的幅度和宽度（中值宽度）。

⑤ 再经过一级反相器，检查险象是否影响下一级电路的正常工作。

⑥ 在 $F$ 端并接一只 330 pF 电容，判别是否会影响下一级电路的正常工作。

⑦ 分别观察变量 $B$、$D$ 变化过程中产生的险象。

⑧ 用增加冗余项法消除 $A$ 变化过程中产生的险象。此时允许使用 74LS20（双 4 输入与非门）。

实验过程中，实际可按以下步骤开展。

（1）画逻辑图。

将 $F$ 化成以下形式：

$$F = AB + \overline{B}\overline{C}\overline{D} + \overline{A}CD$$

$$= AB + C(\overline{\overline{\overline{B}D}\,\overline{A}D})$$

$$= \overline{\overline{AB}\,\overline{C(\overline{\overline{B}D}\,\overline{A}D})}$$

根据 $F$ 的表达式画出逻辑图如图 2.8.1 所示。

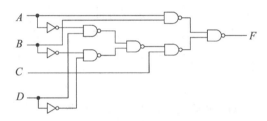

图 2.8.1　观察竞争冒险现象电路逻辑图

（2）列出真值表。根据 $F$ 的表达式列出其真值表如表 2.8.1 所示。

表 2.8.1　输出变量的真值表

| $A$ | $B$ | $C$ | $D$ | $F$ | $F_{测}$ |
|---|---|---|---|---|---|
| 0 | 0 | 0 | 0 | 0 | 0 |
| 0 | 0 | 0 | 1 | 0 | 0 |
| 0 | 0 | 1 | 0 | 1 | 1 |
| 0 | 0 | 1 | 1 | 1 | 1 |
| 0 | 1 | 0 | 0 | 0 | 0 |
| 0 | 1 | 0 | 1 | 0 | 0 |
| 0 | 1 | 1 | 0 | 0 | 0 |
| 0 | 1 | 1 | 1 | 1 | 1 |
| 0 | 0 | 0 | 0 | 0 | 0 |

续表

| $A$ | $B$ | $C$ | $D$ | $F$ | $F_{测}$ |
|-----|-----|-----|-----|-----|-----|
| 1 | 0 | 0 | 1 | 0 | 0 |
| 1 | 0 | 1 | 0 | 1 | 1 |
| 1 | 0 | 1 | 1 | 0 | 0 |
| 1 | 1 | 0 | 0 | 1 | 1 |
| 1 | 1 | 0 | 1 | 1 | 1 |
| 1 | 1 | 1 | 0 | 1 | 1 |
| 1 | 1 | 1 | 1 | 1 | 1 |

（3）静态测试，即按真值表验证其逻辑功能。

$A$、$B$、$C$、$D$ 接入逻辑开关按图 2.8.1 做静态测试，得到的结果如表 2.8.1 的最后一列。由此可知，表 2.8.1 的逻辑功能是正确的。

（4）观察变量 $A$ 变化过程中的险象。

取 $B=C=D=1$，得 $F=A+\bar{A}$，$A$ 改接函数发生器的连续脉冲源，工作频率 $f=3$ MHz。

此时输出 $F$ 出现竞争冒险现象，如图 2.8.2 所示。

图 2.8.2　竞争冒险现象

（5）连接的一级反相器如图 2.8.3(a)所示。

由于 $A$ 和 $A'$ 经过的门的个数不同，所以还是会出现竞争冒险现象，图像如图 2.8.3(b)所示，这会影响下一级电路的正常工作。毛刺幅度和中值宽度与没加反相器一样。

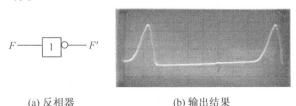

$F$ —[ 1 ]o— $F'$

(a) 反相器　　　　　　　(b) 输出结果

图 2.8.3　经过反向器的输出结果

（6）在 $F$ 端并接一只 330 pF 电容，如图 2.8.4 所示。

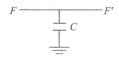

**图 2.8.4  接入电容**

这个电容足可把尖峰脉冲的幅度削弱至门电中的阈值电压以下，所以竞争冒险现象消失，不会影响下一级电路的正常工作。

（7）分别观察变量 $B$、$D$ 变化过程中产生的险象。

① 令 $A=C=1$，$D=0$，$B$ 输入 1 MHz 连续脉冲，可得险象与 $A$ 的一样，即图 2.8.3 所示。

② 令 $A=B=0$，$C=1$，$D$ 输入 1 MHz 连续脉冲。由于 $D$ 和 $D'$ 经过的门数基本一样，门电路的传输延迟时差几乎为 0，所以此时几乎看不到竞争冒险现象。

（8）用增加冗余项法消除 $A$ 变化过程中产生的险象。

增加冗余项 $BCD$，即有

$F=AB+\overline{B}C\overline{D}+\overline{A}CD=AB+\overline{B}C\overline{D}+\overline{A}CD+BCD$

化成以下形式

$F=AB+\overline{B}C\overline{D}+\overline{A}CD$

$=AB+\overline{B}C\overline{D}+\overline{A}CD+BCD=AB+C(\overline{\overline{BD}}\,\overline{\overline{AD}})+BCD$

$=\overline{\overline{AB}\cdot\overline{C(\overline{BD}\,\overline{AD})}\cdot\overline{BCD}}$

根据 $F$ 的表达式画出逻辑图如图 2.8.5 所示。经过观察，这也可以消除竞争冒险现象。

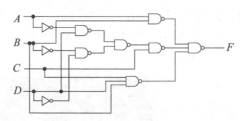

**图 2.8.5  增加冗余项电路逻辑图**

因为当 $B=C=D=1$ 时，增加冗余项 $BCD=1$，而 $\overline{BCD}=0$，故 $F=1$，此时不论 $A$ 和 $\overline{A}$ 是否经过同样数目的与非门都无法影响结果（$F=1$）的输出。

## 2.8.6　实验报告

（1）完成实验内容及步骤中的要求并记录。

（2）回答问题：

① 产生竞争冒险现象的主要原因是什么？

② 险象该怎么消除？还有没有其他消除方法？

第 ③ 章

数字电子技术应用设计实验

# 3.1　逻辑门的应用

## 3.1.1　预习要求

（1）预习门电路相应的逻辑表达式。

（2）熟悉所用集成电路的引脚排列及用途。

## 3.1.2　实验目的

（1）用与门实现对数字信号的控制，理解逻辑门控制数字信号的原理。

（2）用与非门组成脉冲电路、单稳电路，加深对逻辑门应用的广泛性的理解。

## 3.1.3　实验器材

（1）实验箱数电模块　　　　　　　　　　　　　　　　　1 套

（2）工具（示波器、万用表等）　　　　　　　　　　　　1 套

（3）实验器件：

| | | |
|---|---|---|
| 74LS08 | 2 输入四与门 | 1 片 |
| 74LS02 | 2 输入四或非门 | 1 片 |
| 1 kΩ | 电位器 | 1 个 |
| 4.7 kΩ | 电位器 | 1 个 |
| 120 Ω | 电阻 | 1 个 |
| 0.01 μF | 电容 | 1 个 |
| 0.1 μF | 电容 | 1 个 |
| 1 μF | 电容 | 1 个 |

## 3.1.4　实验原理

在数字系统中，经常需要对数字信号进行控制，逻辑门可以实现定时地让数字信号通过或者定时地封锁数字信号。例如：在频率计电路中，需要有一个

闸门电路控制对被测信号的计数，这个闸门就可以由 2 输入的与门来实现。一个输入端接门控信号，另一个输入端接被测信号。门控信号的正脉冲宽度内，与门让被测信号通过，负脉冲宽度内封锁被测信号，则与门的输出信号为一定时间内通过的被测信号。若门控信号正脉宽为 1 s，通过的被测信号为 5 个周期的方波，则被测信号的频率应是 5 Hz。

逻辑门还可组成脉冲信号产生电路。在数字系统中，经常需要脉冲信号进行信息传送，或者作为时钟脉冲控制和驱动电路。脉冲信号产生电路通常分为两类：一类是自激多谐振荡器，另一类是他激多谐振荡器。在他激多谐振荡器中有单稳态触发器，它需要在外加脉冲波触发下，输出具有一定脉冲宽度的脉冲波，主要用于延迟电路或调整脉冲宽度的电路。在他激多谐振荡器中还有施密特触发器，它对外加输入的正弦波等波形进行整形，使电路输出矩形脉冲波。

下面主要介绍用与非门构成的自激多谐振荡器和单稳态触发器。

1. 用与非门构成的自激多谐振荡器

与非门作为一个开关倒相器件，可用来构成各种脉冲电路。电路的基本工作原理是利用电容器的充放电，当输入电压达到与非门的阈值电压 $V_T$ 时，门的输出状态即发生变化。电路中的阻容元件值决定电路输出脉冲波的时间参数。

图 3.1.1 是一种自激多谐振荡器，称为带 RC 电路的环形振荡器。图中 $R_1$ 为限流电阻，一般选为 $120 \sim 180 \ \Omega$；电阻 R 和电容 C 决定脉冲波的周期，R 一般要求小于 2 kΩ，否则很容易停振。周期 $T = 2.2RC$，电路输出脉冲波的最高频率 $\left( f_{max} = \dfrac{1}{T} \right)$ 取决于门电路的平均延迟时间。

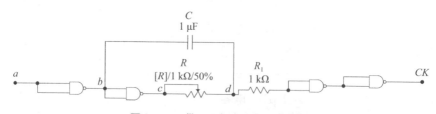

图 3.1.1　带 RC 电路的环形振荡器

TTL 门电路还可以和晶体组成高精度的晶体振荡电路，它是电子钟内用来产生秒脉冲信号的一种常用电路。

2. 用与非门构成的单稳态触发器

用与非门构成的单稳态电路有两种形式：一种为微分型，另一种为积分型。

（1）微分型单稳态电路。

如图 3.1.2 所示，电路中门 $G_1$、$G_2$ 起开关作用，$R_1$ 和 $C_1$ 组成触发输入电路，$R_2$ 和 $C_2$ 构成定时电路。为了保证输出脉冲宽度由定时电路参数 $R_2C_2$ 所决定，输入脉冲宽度必须比要产生的脉冲宽度窄，因此在输入端应用了 $R_1C_1$ 微分电路。可见，在输入脉冲满足条件的情况下，$R_1C_1$ 可以省去。

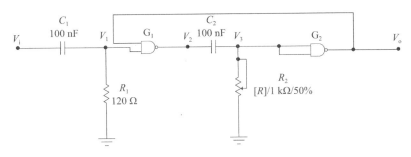

(a) 微分型单稳态电路图

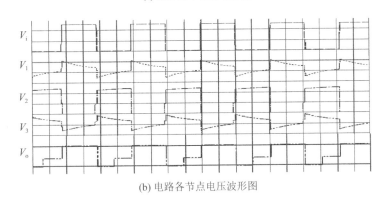

(b) 电路各节点电压波形图

**图 3.1.2　与非门构成的单稳态触发器（微分型）**

在没有输入脉冲时，电路应处于稳态，要求 $G_1$ 门开启，即 $V_1>1.4$ V，而 $G_2$ 门关闭，即 $V_3<0.8$ V。

由 $V_1=f$（$R$）曲线可见，要满足 $V_1>1.4$ V，则 $R_1>2$ kΩ；要满足 $V_3<0.8$ V，则 $R_2<0.85$ kΩ。为了保证 $R_2C_2$ 定时，需 $R_1C_1<R_2C_2$。

输出脉宽 $T_K=0.85$ $R_2C_2$ 或 $T_K$ 取值范围为（$0.7{\sim}1.3$）$R_2C_2$。

（2）积分型单稳态电路。

如图 3.1.3 所示，这种电路适合于触发器脉冲宽度大于输出脉冲宽度的情况，也适合于比输出脉冲宽度窄的触发器脉冲。这是由于 $G_3$ 门输出反馈到 $G_1$ 门，使得在输出脉冲持续期间，$G_1$ 门被封锁，因而 $V_1$ 的上升沿不影响电路的工作状态。因此，其输出脉宽完全由电路和本身参量决定，与触发脉冲宽度无关，属于理想的整形电路。

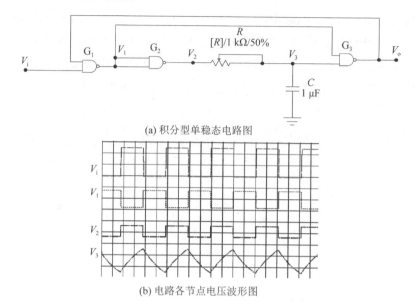

(a) 积分型单稳态电路图

(b) 电路各节点电压波形图

**图 3.1.3   与非门构成的单稳态触发器（积分型）**

稳态条件要求 $R \leqslant 1 \text{ k}\Omega$，输出脉宽 $T_K = (0.7 \sim 1.4)RC$。

从电路分析可以知道，输出脉冲宽度和电路的恢复时间均与 $RC$ 电路的充放电直接有关，因而电路的恢复需要一定的时间。在实际工作中，要求触发脉冲的周期为输出脉冲周期的 2 倍以上。

### 3.1.5   实验内容及步骤

（1）使用带 $RC$ 电路的环形振荡电路产生脉冲信号。按图 3.1.1 连接电路，取 $C = 1 \text{ }\mu\text{F}$，$R$ 用 $4.7 \text{ k}\Omega$ 电位器。

① 调节电位器，使输出信号周期为 1 ms，测试此时 $R$ 的阻值。

② 调节电位器，使振荡器停振，测试此时 $R$ 的阻值。

本实验电路保留勿拆，作为下面实验内容的触发信号使用。

（2）用与非门构成微分型单稳态触发器，按图 3.1.2（a）连接电路，选取 $C_1 = 0.01 \text{ }\mu\text{F}$，$R_1$ 用 $4.7 \text{ k}\Omega$ 电位器，$C_2 = 0.1 \text{ }\mu\text{F}$，$R_2$ 用 $1 \text{ k}\Omega$ 电位器。将实验（1）中的输出信号作为触发信号。

① 当电路输出信号脉宽为 20 $\mu\text{s}$ 时，测试 $R_2$ 的值；观察并记录 $V_i$、$V_1$、$V_2$、$V_3$ 和 $V_o$ 点波形。

② 观察触发脉冲 $V_1$ 点波形宽度对单稳态电路的影响。

### 3.1.6　实验报告

（1）写出计算过程，画出标有元件参数的实验电路图，并对测试结果进行分析。

（2）画出工作波形图，图中要标出零电压线。

## 3.2　计数、译码与显示

### 3.2.1　预习要求

（1）复习译码、显示的工作原理和逻辑电路图。

（2）查阅有关手册，了解 74LS248、LC5011-11 的逻辑功能，并对其他译码、显示产品有所了解。

（3）预习计数器的逻辑功能及电路构成。

### 3.2.2　实验目的

（1）掌握中规模集成电路计数器的应用。

（2）了解译码/驱动器的工作原理。

### 3.2.3　实验器材

| | |
|---|---|
| （1）实验箱数电模块 | 1 套 |
| （2）工具（示波器、万用表等） | 1 套 |
| （3）实验器件： | |
| 　　　　74LS90　十进制计数器 | 2 片 |

### 3.2.4　实验原理

在数字系统中，经常需要将数字、文字和符号的二进制编码翻译成人们习惯的形式直观地显示出来，以便查看。显示器的产品很多，如荧光数码管、半导体、显示器、液晶显示和辉光数码管等。数显的显示方式一般有 3 种：一是重叠式显示，二是点阵式显示，三是分段式显示。

重叠式显示是将不同的字符电极重叠起来，要显示某字符，只需使相应的电极发亮即可，如荧光数码管。

点阵式显示是利用一定的规律进行排列、组合，以显示不同的数字，如火车站里列车车次、始发时间的显示就是利用点阵方式。

分段式显示的数码是由分布在同一平面上的若干段发光的笔画组成的，如电子手表、数字电子钟的显示就是用分段式显示。

本实验选用常用的共阴半导体数码管及其译码/驱动器，它们的型号分别为 LC5011-11 共阴数码管，74LS248 BCD 码段译码/驱动器。译码/驱动器显示原理框图如图 3.2.1 所示。LC5011-11 共阴数码管和 74LS248 译码/驱动器引脚分布如图 3.2.2 所示。

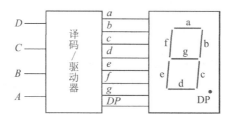

图 3.2.1 译码/驱动器显示原理图

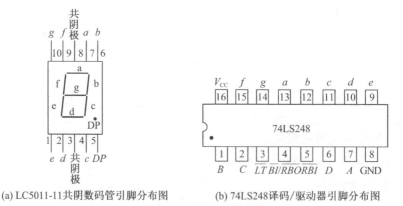

(a) LC5011-11共阴数码管引脚分布图　　(b) 74LS248译码/驱动器引脚分布图

图 3.2.2 显示器和译码/驱动器引脚分布图

LC5011-11 共阴数码管显示器内部实际上是一个 8 段发光二极管负极连在一起的电路，如图 3.2.3(a) 所示。当在 $a$、$b$……$g$、$DP$ 段加上正向电压时，发光二极管就亮。比如：显示二进制数 0101（即十进制数 5），只要使显示器的 $a$、$f$、$g$、$c$、$d$ 段加上高电平即可。同理，共阳极显示应在相应段加上低电平，这些段就亮了，如图 3.2.3(b)所示。

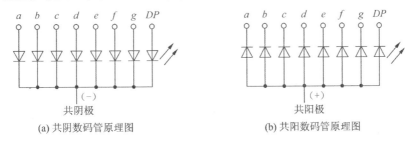

(a) 共阴数码管原理图　　　　　　　(b) 共阳数码管原理图

**图 3.2.3　半导体数码管显示器内部原理图**

74LS248 是 4 线-7 线译码/驱动器，其逻辑功能如表 3.2.1 所示。它的基本输入信号是 4 位二进制数（也可以是 8421 BCD 码）$DCBA$；基本输出信号有 7 个，即 $a$、$b$、$c$、$d$、$e$、$f$、$g$。用 74LS248 驱动 LC5011-11 的基本接法如图 3.2.4 所示。当输入信号从 0000 至 1111 这 16 种不同状态时，其相应的显示字形如表 3.2.1 所示。

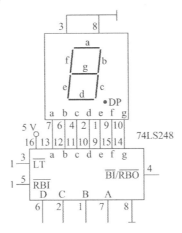

**图 3.2.4　74LS248 驱动 LC5011-11 数码管**

从表 3.2.1 中可以看出，除了上述基本输入、输出外，还有几个辅助输入、输出端，其辅助功能如下。

（1）灭灯功能。只要 $\overline{BI}/\overline{RBO}$ 输入 0，无论其他输入处于何种状态，$a\sim g$ 各段均为 0，显示器为整体不亮。

（2）灭零功能。当 $\overline{LT}=1$ 且 $\overline{BI}/\overline{RBO}$ 作输出，不输入低电平时，若 $\overline{RBI}=1$ 时，则在 $D$、$C$、$B$、$A$ 的所有组合下，仍然都是正常显示。当 $\overline{RBI}=0$，$DCBA\neq$ 0000 时，仍正常显示；当 $DCBA=0000$ 时，不再显示 0 的字形，而是 $a$、$b$、$c$、$d$、$e$、$f$、$g$ 各段输出全为 0。与此同时，$\overline{RBO}$ 输出为低电平。

表 3.2.1 74LS248 逻辑功能表

| 十进制或功能 | 输入 | | | | | | $\overline{BI}/\overline{RBO}$ | 输出 | | | | | | |
|---|---|---|---|---|---|---|---|---|---|---|---|---|---|---|
| | $\overline{LT}$ | $\overline{RBI}$ | D | C | B | A | | a | b | c | d | e | f | g |
| 0 | 1 | 1 | 0 | 0 | 0 | 0 | 1 | 1 | 1 | 1 | 1 | 1 | 1 | 0 |
| 1 | 1 | × | 0 | 0 | 0 | 1 | 1 | 0 | 1 | 1 | 0 | 0 | 0 | 0 |
| 2 | 1 | × | 0 | 0 | 1 | 0 | 1 | 1 | 1 | 0 | 1 | 1 | 0 | 1 |
| 3 | 1 | × | 0 | 0 | 1 | 1 | 1 | 1 | 1 | 1 | 1 | 0 | 0 | 1 |
| 4 | 1 | × | 0 | 1 | 0 | 0 | 1 | 0 | 1 | 1 | 0 | 0 | 1 | 1 |
| 5 | 1 | × | 0 | 1 | 0 | 1 | 1 | 1 | 0 | 1 | 1 | 0 | 1 | 1 |
| 6 | 1 | × | 0 | 1 | 1 | 0 | 1 | 1 | 0 | 1 | 1 | 1 | 1 | 1 |
| 7 | 1 | × | 0 | 1 | 1 | 1 | 1 | 1 | 1 | 1 | 0 | 0 | 0 | 0 |
| 8 | 1 | × | 1 | 0 | 0 | 0 | 1 | 1 | 1 | 1 | 1 | 1 | 1 | 1 |
| 9 | 1 | × | 1 | 0 | 0 | 1 | 1 | 1 | 1 | 1 | 1 | 0 | 1 | 1 |
| 10 | 1 | × | 1 | 0 | 1 | 0 | 1 | 0 | 0 | 0 | 1 | 1 | 0 | 1 |
| 11 | 1 | × | 1 | 0 | 1 | 1 | 1 | 0 | 0 | 1 | 1 | 0 | 0 | 1 |
| 12 | 1 | × | 1 | 1 | 0 | 0 | 1 | 0 | 1 | 0 | 0 | 0 | 1 | 1 |
| 13 | 1 | × | 1 | 1 | 0 | 1 | 1 | 1 | 0 | 0 | 1 | 0 | 1 | 1 |
| 14 | 1 | × | 1 | 1 | 1 | 0 | 1 | 0 | 0 | 0 | 1 | 1 | 1 | 1 |
| 15 | 1 | × | 1 | 1 | 1 | 1 | 1 | 0 | 0 | 0 | 0 | 0 | 0 | 0 |
| 灭灯 | × | × | × | × | × | × | 0 | 0 | 0 | 0 | 0 | 0 | 0 | 0 |
| 灭零 | 1 | 0 | 0 | 0 | 0 | 0 | 0 | 0 | 0 | 0 | 0 | 0 | 0 | 0 |
| 灯测试 | 0 | × | × | × | × | × | 1 | 1 | 1 | 1 | 1 | 1 | 1 | 1 |

（3）灯测试功能。在 $\overline{BI}/\overline{RBO}$ 端不输入低电平的前提下，当 $\overline{LT}=0$ 时，无论其他输入处于何状态，$a\sim g$ 段均为 1，这时显示器全亮。常常用此法测试显示器的好坏。

这里我们选用 74LS90 集成计数器作为本实验显示的前级计数器部分。74LS90 包含一个二分频和五分频的计数器，其引脚分布如图 3.2.5 所示。逻辑功能如表 3.2.2 所示。

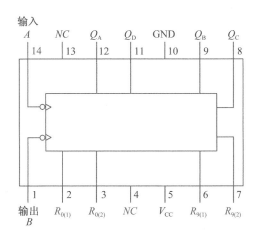

**图 3.2.5 74LS90 引脚分布图**

**注意** 74LS290 和 74LS90 逻辑功能完全一样，所不同的是 74LS90 电源为非标准引脚，而 74LS290 为标准电源，即 14 脚为电源正极，7 脚为负极。

从表 3.2.2 可以发现，74LS90 具有清零、置数及计数的功能。当 $R_{9(1)} = R_{9(2)} = 1$ 时，就置成 $Q_D Q_C Q_B Q_A = 1001$，置数；当 $R_{0(1)} = R_{0(2)} = 1$，$R_{9(1)} = 0$ 或 $R_{9(2)} = 0$ 时，$Q_D Q_C Q_B Q_A = 0000$，清零。当 $R_{9(1)} \cdot R_{9(2)} = 0$ 和 $R_{0(1)} \cdot R_{0(2)} = 0$ 同时满足时，可在 $CP$ 下降沿作用下实现加法计数。

**表 3.2.2 74LS90 逻辑功能表**

| 输入 | | | | 输出 | | | |
|---|---|---|---|---|---|---|---|
| $R_{0(1)}$ | $R_{0(2)}$ | $R_{9(1)}$ | $R_{9(2)}$ | $Q_D$ | $Q_C$ | $Q_B$ | $Q_A$ |
| 1 | 1 | 0 | × | 0 | 0 | 0 | 0 |
| 1 | 1 | × | 0 | 0 | 0 | 0 | 0 |
| × | × | 1 | 1 | 1 | 0 | 0 | 1 |
| × | 0 | × | 0 | 计数 | | | |
| 0 | × | 0 | × | 计数 | | | |
| 0 | × | × | 0 | 计数 | | | |
| × | 0 | 0 | × | 计数 | | | |

BCD 计数顺序如表 3.2.3 所示。

进制计数顺序如表 3.2.4 所示。

表 3.2.3　BCD 计数顺序

| 计数 | 输出 | | | |
| --- | --- | --- | --- | --- |
| | $Q_D$ | $Q_C$ | $Q_B$ | $Q_A$ |
| 0 | 0 | 0 | 0 | 0 |
| 1 | 0 | 0 | 0 | 1 |
| 2 | 0 | 0 | 1 | 0 |
| 3 | 0 | 0 | 1 | 1 |
| 4 | 0 | 1 | 0 | 0 |
| 5 | 0 | 1 | 0 | 1 |
| 6 | 0 | 1 | 1 | 0 |
| 7 | 0 | 1 | 1 | 1 |
| 8 | 1 | 0 | 0 | 0 |
| 9 | 1 | 0 | 0 | 1 |

表 3.2.4　进制计数顺序

| 计数 | 输出 | | | |
| --- | --- | --- | --- | --- |
| | $Q_A$ | $Q_D$ | $Q_C$ | $Q_B$ |
| 0 | 0 | 0 | 0 | 0 |
| 1 | 0 | 0 | 0 | 1 |
| 2 | 0 | 0 | 1 | 0 |
| 3 | 0 | 0 | 1 | 1 |
| 4 | 0 | 1 | 0 | 0 |
| 5 | 1 | 0 | 0 | 0 |
| 6 | 1 | 0 | 0 | 1 |
| 7 | 1 | 0 | 1 | 0 |
| 8 | 1 | 0 | 1 | 1 |
| 9 | 1 | 1 | 0 | 0 |

如果把计数器的输出接到译码管、显示器，就构成了计数、译码显示器。

### 3.2.5 实验内容及步骤

（1）根据表 3.2.2～表 3.2.4，用 74LS90 搭试十进制计数器电路，$Q_D$、$Q_C$、$Q_B$、$Q_A$ 分别接数码管显示，$R_{0(1)}$、$R_{0(2)}$、$S_{9(1)}$、$S_{9(2)}$ 全部接 0（GND）或按键 $K_1 \sim K_8$，$CP_0$ 接单次脉冲，$Q_A$ 接 $CP_1$。

接线完毕，接通电源，输入单次脉冲，观察显示器状态，并记录结果（画出计数器的波形图）。

（2）用两片 74LS90 组成百进制计数器，译码显示采用 2 位。实验接线图如图 3.2.6 所示。

按图 3.2.6 接线，$CP$ 接连续脉冲，其余方法同上。译码显示部分用数码管显示。

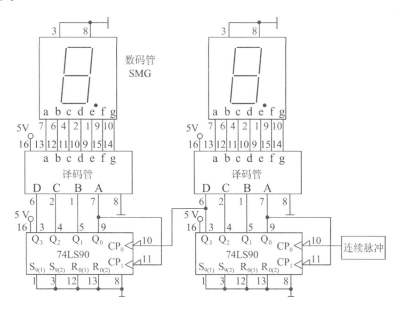

图 3.2.6 2 位计数、译码显示器实验接线图

### 3.2.6 实验报告

整理实验电路，画出计数器的波形图。讨论计数器在实际中可能有哪些应用。

# 3.3 双向移位寄存器应用

## 3.3.1 预习要求

(1) 认真阅读 74LS194 的逻辑图和功能表,了解清零、保持、置数、左移和右移功能。

(2) 预习 74LS194 的逻辑功能及电路构成。

## 3.3.2 实验目的

(1) 掌握双向移位寄存器的使用方法。

(2) 掌握双向移位寄存器作序列发生器的用法。

## 3.3.3 实验器材

| | |
|---|---|
| (1) 实验箱数电模块 | 1 套 |
| (2) 工具(示波器、万用表等) | 1 套 |
| (3) 实验器件: | |

| | | |
|---|---|---|
| 74LS194 | 4 位双向移位寄存器 | 1 片 |
| 74LS10 | 3 输入三与非门 | 3 片 |
| 74LS04 | 反相器 | 1 片 |
| 74LS86 | 2 输入四异或门 | 1 片 |

## 3.3.4 实验原理

移位寄存器是由单个存储单元(触发器)串接而成的,其中每个触发器的输出接到下一个触发器的输入。4 位双向移位寄存器功能可查阅 74LS194 的功能表。

移位寄存器主要用作临时的数据存储,它的输入输出方式有 4 种:

① 串行输入/串行输出。数据能够移入寄存器又能移出寄存器,每次一位。

② 串行输入/并行输出。寄存器是串行输入，每次一位，当需要输出时，存储在所有触发器的数据可以同时读出。

③ 并行输入/串行输出。寄存器里所有触发器都是同时输入，当需要输出时，存储的数据在时钟的控制下，每次从寄存器里移出一位。

④ 并行输入/并行输出。寄存器里所有触发器都是同时输入，当需要输出时，各触发器都同时读出。

移位寄存器的应用范围很广，除了用作存储数据外，也可作为各种计数器和序列发生器，在微机系统的 CPU 中实现各种功能。

一个 4 位移位寄存器的通用状态图如图 3.3.1 所示。移位寄存器的所有可能的内部状态和所有可能状态之间的转换，都表示在这个图中。例如：0001 状态的次态将是 0010 或 0011，这取决于反馈逻辑提供给右移输入端 $S_R$ 的是 0 还是 1。

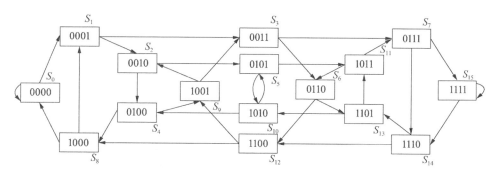

图 3.3.1　4 位移位寄存器的通用状态图

用移位寄存器加反馈逻辑设计计数器时，选择一个合适的移位寄存器的状态序列，根据这个状态序列设计一个反馈逻辑，使得这个移位寄存器能循环通过所选的状态序列。例如：设计一个十进制计数器可选择的状态序列如图 3.3.2 所示。

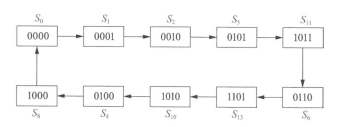

图 3.3.2　十进制计数器的状态序列

然后根据状态图画出状态表，并对每个转换决定反馈函数的逻辑值，列入状态表的最后一列，画出反馈函数的卡诺图，无用状态用"∅"标记。需要注意的是，在这个计数器里，$S_{15}$是无用状态，卡诺图中没有用"∅"标记，而是用"0"标记，这是为了避免计数器被锁在 111 状态。

由卡诺图化简得到反馈函数为

$$f = S_R = Q_B \overline{Q_D} + Q_A Q_C \overline{Q_D} + Q_A Q_C$$

状态表如表 3.3.1 所示。反馈函数的卡诺图如图 3.3.3 所示。

表 3.3.1　状态表

| $d \cdot d$ | $S$ | $Q_D$ | $Q_C$ | $Q_B$ | $Q_A$ | $f = S_R$ |
|---|---|---|---|---|---|---|
| 0 | $S_0$ | 0 | 0 | 0 | 1 | |
| 1 | $S_1$ | 0 | 0 | 0 | 1 | 0 |
| 2 | $S_2$ | 0 | 0 | 1 | 0 | 1 |
| 3 | $S_3$ | 0 | 1 | 0 | 1 | 1 |
| 4 | $S_{11}$ | 1 | 0 | 1 | 1 | 0 |
| 5 | $S_6$ | 0 | 1 | 1 | 0 | 1 |
| 6 | $S_{13}$ | 1 | 1 | 0 | 1 | 0 |
| 7 | $S_{10}$ | 1 | 0 | 1 | 0 | 0 |
| 8 | $S_4$ | 0 | 1 | 0 | 0 | 0 |
| 9 | $S_3$ | 1 | 0 | 0 | 0 | 0 |

| $Q_B Q_A$ ＼ $Q_B Q_A$ | 00 | 01 | 11 | 10 |
|---|---|---|---|---|
| 00 | 1 | | ∅ | 1 |
| 01 | | 1 | ∅ | |
| 11 | ∅ | | | ∅ |
| 10 | | ∅ | | |

图 3.3.3　反馈函数的卡诺图

该计数器有 6 个无用状态，若由于计数器出现电路故障而进入一个无用状态，那么最多在 5 个脉冲之后，就可以恢复到正确的状态序列。当处于无用状态时，计数器进入无用状态后的性能可用状态表（表 3.3.2）来描述。

表 3.3.2　状态表

| $S$ | $Q_D$ | $Q_C$ | $Q_B$ | $Q_A$ | $f=S_R$ |
|---|---|---|---|---|---|
| $S_9$ | 1 | 0 | 0 | 1 | 0 |
| $S_2$ | 0 | 0 | 1 | 0 | 1 |
| $S_3$ | 0 | 0 | 1 | 1 | 1 |
| $S_7$ | 0 | 1 | 1 | 1 | 1 |
| $S_{15}$ | 1 | 1 | 1 | 1 | 0 |
| $S_{14}$ | 1 | 1 | 1 | 0 | 0 |
| $S_{12}$ | 1 | 1 | 0 | 0 | 0 |
| $S_8$ | 1 | 0 | 0 | 0 | 1 |

用移位寄存器外加反馈逻辑电路和输出逻辑可设计出序列发生器。一个 $N$ 位移位寄存器状态序列的长度 $L \leqslant 2^N$，因此可根据所设计的二进制序列的长度 $L$，选取 $N$ 位的移位寄存器。

例如：设计一个产生二进制序列 1011011001 的序列发生器，二进制序列长度为 10 位，需要一个 4 位移位寄存器产生这个序列所需的 10 个 4 位组合（表 3.3.3）。

表 3.3.3　产生二进制序列的 10 个 4 位组合

| 时钟脉冲 | $Q_D'$ | $Q_C'$ | $Q_B'$ | $Q_A'$ |
|---|---|---|---|---|
| 1 | 1 | 0 | 1 | 1 |
| 2 | 0 | 1 | 1 | 0 |
| 3 | 1 | 1 | 0 | 1 |
| 4 | 1 | 0 | 1 | 1 |
| 5 | 0 | 1 | 1 | 1 |
| 6 | 1 | 1 | 0 | 0 |
| 7 | 1 | 0 | 1 | 1 |
| 8 | 0 | 1 | 1 | 0 |
| 9 | 1 | 1 | 0 | 0 |
| 10 | 1 | 0 | 0 | 1 |

可以看出，表 3.3.3 中的状态 1011 出现了 3 次，但次态既有 0110 又有 0111，因而反馈函数 $f$ 的值无法确定。不可能产生这种状态序列，也就不可能从某一状态位中得到所设计的二进制序列。解决的方法是必须选取移位寄存器

能够实现的状态序列。例如：在图 3.3.4(a) 所示的状态序列中，所需产生的二进制序列可借助输出逻辑从这状态序列中得到，反馈函数和输出函数可以从状态表（表 3.3.4）得到，反馈函数和输出函数的卡诺图如图 3.3.4(b)、(c)所示。

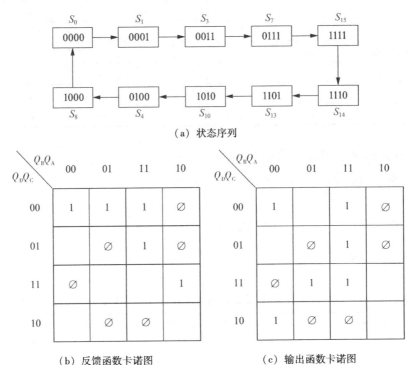

(a) 状态序列

(b) 反馈函数卡诺图          (c) 输出函数卡诺图

图 3.3.4  二进制序列发生器

表 3.3.4  状态表

| $S$ | $Q_D$ | $Q_C$ | $Q_B$ | $Q_A$ | $f$ | $g=Q_A'$ |
|---|---|---|---|---|---|---|
| $S_0$ | 0 | 0 | 0 | 0 | 1 | 1 |
| $S_1$ | 0 | 0 | 0 | 1 | 1 | 0 |
| $S_3$ | 0 | 0 | 1 | 1 | 1 | 1 |
| $S_7$ | 0 | 1 | 1 | 1 | 1 | 1 |
| $S_{15}$ | 1 | 1 | 1 | 1 | 0 | 1 |
| $S_{14}$ | 1 | 1 | 1 | 0 | 1 | 0 |
| $S_{13}$ | 1 | 1 | 0 | 1 | 0 | 1 |
| $S_{10}$ | 1 | 0 | 1 | 0 | 0 | 0 |
| $S_4$ | 0 | 1 | 0 | 0 | 0 | 0 |
| $S_8$ | 1 | 0 | 0 | 0 | 0 | 1 |

化简反馈函数和输出函数的卡诺图，得到的反馈函数和输出函数的表达式为

$$f=\overline{\overline{Q_C Q_D}+Q_A \overline{Q_D}+\overline{Q_A}Q_B Q_C} \quad g=Q_A Q_C+Q_B \overline{Q_D}+\overline{Q_A Q_B Q_C}$$

根据反馈函数和输出函数表达式，可以画出该序列发生器的逻辑电路图（图 3.3.5）。

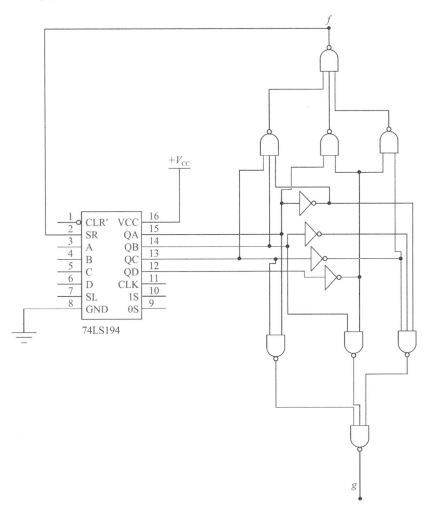

图 3.3.5　二进制序列发生器的逻辑电路图

此外，用移位寄存器构成的环形计数器、扭环计数器和伪随机序列发生器等功能电路的差别体现在反馈逻辑不同，设计者可以根据需要设计反馈逻辑电路使移位寄存器完成特定功能。

### 3.3.5　实验内容及步骤

设计一个用移位寄存器产生二进制序列 1011101001 的序列发生器。测试其逻辑功能，观察移位寄存器的状态序列与产生的二进制序列的对应时序关系，画出时钟脉冲 $CK$、移位寄存器的 $Q_A$ 端及二进制序列输出端 $g$ 的对应时序图。

### 3.3.6　实验报告

（1）写出实验的设计过程，画出完整的逻辑连接图，记录实验结果，需画出时钟脉冲 $CK$ 与移位寄存器状态序列的对应时序关系。

（2）回答问题：

① 用移位寄存器右移功能实现的序列发生器，是否也能用左移功能实现？若用左移功能实现，移位寄存器的状态序列是否会有变化？

② 首先给一个移位寄存器参数 $Q_D Q_C Q_B Q_A = 0101$，用 5 个时钟脉冲，把一个串行二进制数码 1001，从左到右移入移位寄存器，先移最高位，试写出 1～5 个时钟脉冲后移位寄存器的状态 $Q_D Q_C Q_B Q_A$ 各是什么？

（3）图 3.3.6 是一个 4 位移位寄存器加异或反馈电路构成的伪随机序列发生器，试给出该电路的状态序列及由 $Q_D$ 端输出的伪随机序列。那么，该电路是否有自启动功能？若没有，怎样修改反馈电路使其实现自启动功能？（0 态经过反馈逻辑到启动态。）

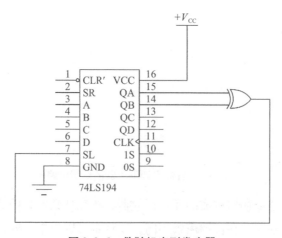

图 3.3.6　伪随机序列发生器

# 3.4　555 定时器

## 3.4.1　预习要求

（1）复习有关 555 的工作原理及其应用。

（2）拟定实验中所需的数据、波形表格。

（3）拟定各次实验的步骤和方法。

## 3.4.2　实验目的

（1）掌握 555 时基电路的结构和工作原理，学会正确使用芯片。

（2）学会分析和测试由 555 时基电路构成的多谐振荡器、单稳态触发器、RS触发器这 3 种典型电路。

## 3.4.3　实验器材

（1）实验箱数电模块　　　　　　　　　　　　　　　1 套

（2）工具（示波器、万用表等）　　　　　　　　　　1 套

（3）实验器件：

NE555　定时器　　　　　　　　　1 片

## 3.4.4　实验原理

实验所用的 555 时基电路芯片为 NE555，同一芯片上集成了 2 个各自独立的 555 时基电路，各管脚的功能简述如下。

$TH$：高电平触发端。当 $TH$ 端电压大于 $\frac{2}{3}V_{CC}$ 时，输出端 $OUT$ 端呈低电平，$DIS$ 端导通。

$\overline{TR}$：低电平触发端。当 $\overline{TR}$ 端电平小于 $\frac{1}{3}V_{CC}$ 时，输出端 $OUT$ 端呈高电平，$DIS$ 端关断。

$DIS$：放电端。其导通或关断，可为外接的 $RC$ 回路提供放电或充电的

通路。

$\overline{R}$：复位端。$\overline{R}=0$ 时，$OUT$ 端输出低电平，$DIS$ 端导通。该端不用时接高电平。

$VC$：控制电压端。$VC$ 接不同的电压值可改变 $TH$、$\overline{TR}$ 的触发电平值，其外接电压值范围是 $0 \sim V_{CC}$。该端不用时，一般应在该端与地之间接一个电容。

$OUT$：输出端。电路的输出带有缓冲器，因而有较强的带负载能力，可直接推动 TTL、CMOS 电路中的各种电路和蜂鸣器等。

$V_{CC}$：电源端。电源电压范围较宽，TTL 型为 $+5 \sim +16$ V，CMOS 型为 $+3 \sim +18$ V，本实验所用电压 $V_{CC} = +5$ V。

芯片功能如表 3.4.1 所示，引脚分布如图 3.4.1 所示，功能简图如图 3.4.2 所示。

**表 3.4.1　芯片功能表**

| $TH$ | $\overline{TR}$ | $\overline{R}$ | $OUT$ | $DIS$ |
|---|---|---|---|---|
| × | × | 0 | 0 | 导通 |
| $>\frac{2}{3}V_{CC}$ | $>\frac{1}{3}V_{CC}$ | 1 | 0 | 导通 |
| $<\frac{2}{3}V_{CC}$ | $>\frac{1}{3}V_{CC}$ | 1 | 原状态 | 原状态 |
| $<\frac{2}{3}V_{CC}$ | $<\frac{1}{3}V_{CC}$ | 1 | 1 | 关断 |

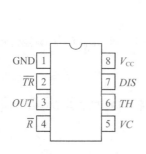

图 3.4.1　时基电路芯片 NE555 引脚分布图

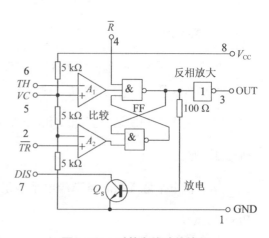

图 3.4.2　时基电路功能简图

555 时基电路广泛应用于波形产生、变换、测量仪表、控制设备等方面。

由 555 时基电路构成的多谐振荡器的工作原理是：利用电容充放电过程中电容电压的变化来改变加在高低电平触发端的电平，使 555 时基电路内 RS 触发器的状态置"1"、置"0"，从而在输出端获得矩形波。

当电路接通电源时，由于电容 $C_1$ 为低电位，$\overline{TR}$ 也为低电位，$OUT$ 输出高电平。同时 $DIS$ 断开，电源通过 $R_1$、$R_2$ 向 $C_1$ 充电，电容电压和 $TH$、$\overline{TR}$ 电位随之升高，升高至 $TH$ 的触发电平时，$OUT$ 输出低电平。同时 $DIS$ 接通，电容 $C_1$ 通过 $R_2$、$DIS$ 放电，电容电压和 $\overline{TR}$、$TH$ 电位随之降低，降低到 $TR$ 的触发电平时，$OUT$ 输出高电平。$DIS$ 断开，电容 $C_1$ 又开始充电，重复上述过程，从而形成振荡。

至于单稳态电路和 RS 触发器的工作过程，可仿照上述步骤自行分析。

### 3.4.5 实验内容及步骤

模数、数模转换模块上 555 定时器实验电路图如图 3.4.3 所示。该电路电源已接好，2、3、6、7 脚已开放，由实验人员连接。

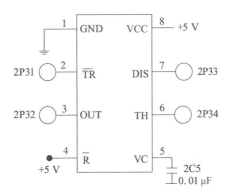

**图 3.4.3 实验电路图**

1. 555 时基电路功能测试

（1）按图 3.4.4 接线，可调电压取自电位器分压器。

（2）按表 3.4.1 逐项测试其功能并记录。

2. 555 时基电路构成多谐振荡器

实验电路如图 3.4.5 所示。

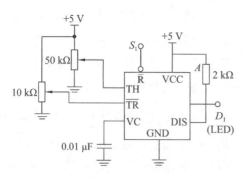

图 3.4.4　测试接线图

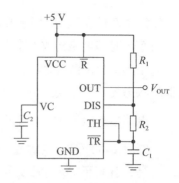

图 3.4.5　多谐振荡器电路

（1）按图 3.4.5 接线。图中元件参数如下：

$R_1 = 15\ \mathrm{k\Omega}$　　　　$R_2 = 5\ \mathrm{k\Omega}$

$C_1 = 0.033\ \mathrm{\mu F}$　　　$C_2 = 0.01\ \mathrm{\mu F}$

（2）用示波器观察并测量 $OUT$ 端波形的频率。与理论估算值比较，算出频率的相对误差值。

（3）若将电阻值改为 $R_1 = 15\ \mathrm{k\Omega}$、$R_2 = 10\ \mathrm{k\Omega}$，电容不变，观察上述数据的变化。

（4）根据上述电路的原理，充电回路的支路是 $R_1 R_2 C_1$，放电回路的支路是 $R_2 C_1$，将电路略做修改，增加一个电位器 $R_P$ 和两个引导二极管，构成图 3.4.6 所示的占空比可调的多谐振荡器。

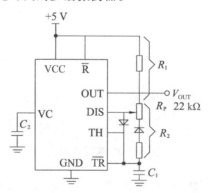

图 3.4.6　占空比可调的多谐振荡器电路图

其占空比为

$$q = R_1 / (R_1 + R_2)$$

改变 $R_P$ 的位置，可调节 $q$ 值。合理选择元件参数（电位器选用 22 $\mathrm{k\Omega}$），使电路的占空比 $q = 0.2$，调试正脉冲宽度为 0.2 ms。

调试电路，测出所用元件的数值，估算电路的误差。

3. 555 时基电路构成单稳态触发器

实验电路如图 3.4.7 所示。

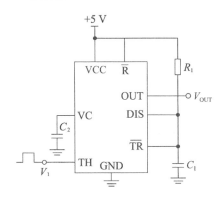

**图 3.4.7　单稳态触发器电路**

（1）按图 3.4.7 接线，图中 $R = 10$ kΩ，$C_1 = 0.01$ μF，$V_1$ 是频率约为 10 kHz 的方波时，用双踪示波器观察 *OUT* 端相对于 $V_1$ 的波形，并测出输出脉冲的宽度 $T_W$。

（2）调节 $V_1$ 的频率，分析并记录观察到的 *OUT* 端波形的变化。

（3）若想使 $T_W = 10$ μs，怎样调整电路？测出此时各有关的参数值。

### 3.4.6　实验报告

（1）按实验内容各步骤要求整理实验数据。

（2）画出实验内容 3 波形图。

（3）总结时基电路的基本电路类型及使用方法。

# 3.5　SRAM 存储器

### 3.5.1　预习要求

（1）复习随机存储器 RAM 和只读储器 ROM 的基本工作原理。

（2）查阅 2114、74LS193、74LS125、74LS00 有关资料，熟悉其逻辑功能及引脚分布。

### 3.5.2　实验目的

（1）了解集成随机存取存储器 2114 的工作原理。

（2）熟悉存储器 2114 的工作特性、使用方法及其应用。

### 3.5.3　实验器材

（1）实验箱数电模块　　　　　　　　　　　　　　　　　　　　1 套

（2）工具（示波器、万用表等）　　　　　　　　　　　　　　　1 套

（3）实验器件：

|  |  |  |
|---|---|---|
| 74LS193 | 二进制计数器 | 1 片 |
| 74LS125 | 三态门 | 1 片 |
| 74LS00 | 与非门 | 1 片 |
| 2114 | 随机存储器 | 1 片 |

### 3.5.4　实验原理

在计算机及其接口电路中，通常要存储二进制信息。存储器有 RAM、ROM 之分，RAM 又分为静态的 SRAM 和动态的 DRAM。2114 是存储容量为 1K×4 位的静态 SRAM。它由三部分组成：地址译码器、存储矩阵和控制逻辑。地址译码器接受外部输入的地址信号，经过译码后确定相应的存储单元；存储矩阵包含许多存储单元，它们按一定的规律排列成矩阵形式，组成存储矩阵；控制逻辑由读写控制和片选电路构成。

2114 的工作电压为 5 V，输入、输出电平与 TTL 兼容。2114 的引脚分布图如图 3.5.1 所示，其中 $A_0 \sim A_9$ 为地址码输入端。$R/\overline{W}$ 为读写控制端，$I/O_0 \sim I/O_3$ 是数据输入/输出端，$\overline{CS}$ 为片选端。

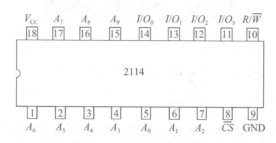

图 3.5.1　2114 的引脚分布图

当片选端为 1，芯片未选中时，数据输入/输出端呈高阻状态。当片选端

为 0，2114 被选中时，如果读写控制端为高电平，那么数据可以由地址 $A_0 \sim A_9$ 指定的存储单元读出；如果读写控制端为低电平，2114 执行写入操作，数据被写入由地址 $A_0 \sim A_9$ 指定的存储单元。2114 的功能见表 3.5.1。对于 RAM 的读写操作，要严格注意时序的要求。读操作时，先给出地址信号 $A_0 \sim A_9$，然后使片选信号有效，再使读控制有效，随后数据从指定的存储单元被送到数据输出端。写操作时，先有地址信号，再有片选信号，随后使写入的数据和写信号有效。

表 3.5.1　2114 功能表

| $\overline{CS}$ | $R/\overline{W}$ | I/O | 工作模式 |
|---|---|---|---|
| 1 | × | 高阻 | 未选中 |
| 0 | 0 | 0 | 写 0 |
| 0 | 0 | 1 | 写 1 |
| 0 | 1 | 输出 | 读出 |

### 3.5.5　实验内容及步骤

（1）按图 3.5.2 连接电路，并把 3 个集成块的电源端接实验箱的 +5 V 电压。将 RAM 存储器 2114 的 $A_3 \sim A_0$ 接二进制计数器 74LS193 的输出端 $Q_D \sim Q_A$，地址信号输入端 $A_4 \sim A_9$ 和片选端均接地。本实验只利用了 2114 的 16 个存储单元。74LS125 为三态门，它的 4 个三态门的使能端（1、4、10、13）并联后接到 2114 的读写控制端，再接到实验箱的单次脉冲输出端。当 2114 执行读操作时，三态门的输出应该呈高阻状态；当 2114 执行写操作时，三态门的使能端有效，三态门与数据开关接通。要写入的单元地址由计数器决定，要写入的数据由数据开关决定。

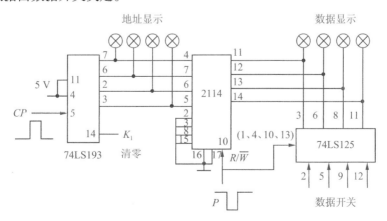

图 3.5.2　2114 的读写实验电路

（2）74LS193 的引脚分布如图 3.5.3 所示。当清零端 14 脚为高电平时，计数器清零；当它为低电平时，执行计数操作。所以先使 $K_1 = 1$，然后使 $K_1 = 0$。

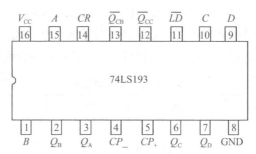

图 3.5.3　74LS193 的引脚分布图

（3）按动连接在计数器的单次脉冲 $CP$，根据与计数器输出相连的 4 个 LED 可以确定 2114 的存储单元地址。再改变数据开关就能够确定被写入的数据。注意单脉冲产生的应是负脉冲。当其为低电平时有两个作用：一是使三态门工作，二是使 2114 的写控制有效。所以按动单次脉冲 $CP$，就可以将给定的数据写入指定的 RAM 存储单元。按表 3.5.2 的要求改变地址 $A_3 \sim A_0$ 和数据 $I_3 \sim I_0$，将实验结果填入表 3.5.2。

（4）设置 $CP$ 为高电平，关闭三态门，并使 2114 处于读工作状态。用 $K_1$ 对计数器清零，再使计数器处于计数状态。按动单次脉冲 $CP$，根据与计数器输出相连的 4 个 LED 的状态确定 2114 的存储单元的地址。通过与 2114 的 $I/O_3 \sim I/O_0$ 相连的 4 个 LED 观察从 2114 读出的数据 $Q_3 \sim Q_0$。按表 3.5.2 的要求改变地址 $A_3 \sim A_0$，将读出的结果 $Q_3 \sim Q_0$ 填入表 3.5.2，并比较是否与写入的数据一致。

**注意**　如果实验箱上的单次脉冲源不够用或性能不佳，可参考实验用与非门实现单次脉冲产生器。

表 3.5.2　2114 读写实验结果

| 地址输入 | | | | 数据写入 | | | | 数据读出 | | | |
|---|---|---|---|---|---|---|---|---|---|---|---|
| $A_3$ | $A_2$ | $A_1$ | $A_0$ | $I_3$ | $I_2$ | $I_1$ | $I_0$ | $Q_3$ | $Q_2$ | $Q_1$ | $Q_0$ |
| 0 | 0 | 0 | 0 | | | | | | | | |
| 0 | 0 | 0 | 1 | | | | | | | | |
| 0 | 0 | 1 | 0 | | | | | | | | |
| 0 | 0 | 1 | 1 | | | | | | | | |
| 0 | 1 | 0 | 0 | | | | | | | | |
| 0 | 1 | 0 | 1 | | | | | | | | |
| 0 | 1 | 1 | 0 | | | | | | | | |
| 0 | 1 | 1 | 1 | | | | | | | | |
| 1 | 0 | 0 | 0 | | | | | | | | |
| 1 | 0 | 0 | 1 | | | | | | | | |
| 1 | 0 | 1 | 0 | | | | | | | | |
| 1 | 0 | 1 | 1 | | | | | | | | |
| 1 | 1 | 0 | 0 | | | | | | | | |
| 1 | 1 | 0 | 1 | | | | | | | | |
| 1 | 1 | 1 | 0 | | | | | | | | |
| 1 | 1 | 1 | 1 | | | | | | | | |

## 3.5.6　实验报告

（1）画出实验电路图。

（2）说明在图 3.5.2 中，74LS193 采用的是何种计数方式。

（3）根据实验数据填写表 3.5.2。

（4）设计用 2114 扩展成 1K×8 位存储器的电路图。

第 **4** 章

EDA 技术应用设计实验

# 4.1　ISE 设计环境熟悉（一）

## 4.1.1　预习要求

（1）预习教材中的相关内容。

（2）预习老师教学演示的相关内容。

（3）阅读并熟悉本次实验内容。

## 4.1.2　实验目的

（1）学习并掌握 ISE 设计环境的基本操作。

（2）掌握简单逻辑电路 2 选 1 数据选择器的设计方法与功能仿真。

## 4.1.3　实验器材

（1）计算机　　　　　　　　　　　　　　　　　　　　1 台

（2）ISE 软件开发系统　　　　　　　　　　　　　　　1 套

## 4.1.4　实验内容

用 VHDL 语言设计一个 2 选 1 数据选择器，并进行功能仿真，具体要求如下：

（1）设置 1 个一位数据选择控制输入端，取名为 s。

（2）设置 2 个一位数据输入端，分别取名为 a、b。

（3）设置 1 个一位数据输出端，取名为 z。

（4）进行电路功能仿真与验证。

## 4.1.5　实验操作步骤

（1）新建文件及文件存盘。

（2）文件的综合和程序语法的检查。

（3）进行波形仿真。

（4）进行定时分析。

具体操作步骤如下：

（1）在桌面上双击 ISE 9.1i 图标进入项目管理器（图 4.1.1）。

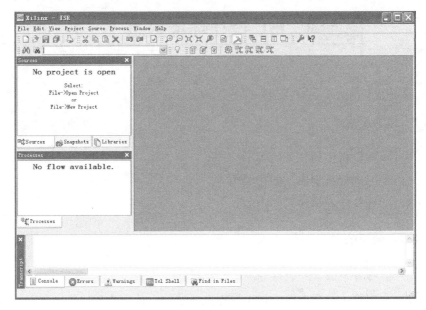

**图 4.1.1　项目管理器**

（2）新建项目，按图 4.1.2 所示选择参数。

**注意**　项目名以英文命名。

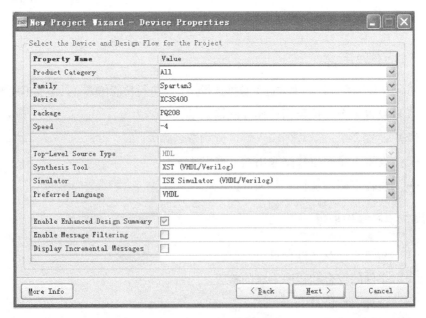

**图 4.1.2　参数选择页面**

（3）在主菜单中选"NEW"，从输入文件类型选择菜单中选择文本文件输入方式，如图 4.1.3 所示。

图 4.1.3　文件类型选择菜单

（4）编辑程序并以".vhd"为后缀保存文件，如图 4.1.4 所示。

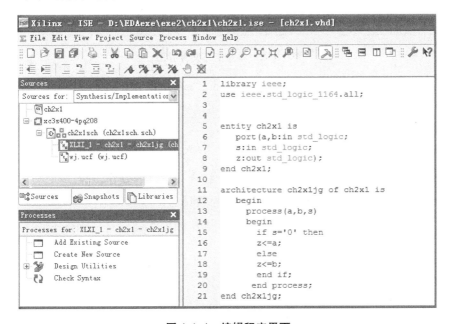

图 4.1.4　编辑程序界面

（5）在"Sources"窗口中选中源文件，双击处理窗中的"Check-Syntax"进行语法检查。

（6）执行"Project"→"New Source"命令，键入仿真文件名，添加传真文件如图 4.1.5 所示，直到完成。

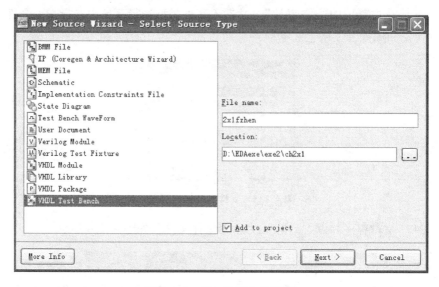

**图 4.1.5　添加传真文件界面**

（7）选中仿真文件，双击处理窗中的"Simulate Behavioral Model"，完成功能仿真。

### 4.1.6　实验报告

（1）总结用 ISE 开发软件进行设计、综合、仿真的操作步骤。
（2）讨论用 EDA 开发板进行逻辑电路设计的特点与优越性。
（3）讨论在设计过程中遇到的问题、解决问题的过程及收获和体会。

## 4.2　ISE 设计环境熟悉（二）

### 4.2.1　预习要求

（1）预习教材中的相关内容。
（2）预习老师教学演示的相关内容。
（3）阅读并熟悉本次实验内容。

### 4.2.2　实验目的

（1）学习并掌握 ISE 设计环境的基本操作。
（2）掌握简单逻辑电路 4 选 1 数据选择器的设计方法与功能仿真。

### 4.2.3　实验器材

（1）计算机　　　　　　　　　　　　　　　　　　1 台
（2）ISE 软件开发系统　　　　　　　　　　　　　1 套

### 4.2.4　实验内容

用 VHDL 语言设计一个 4 选 1 数据选择器并进行功能仿真，具体要求如下：
（1）设置 1 个 2 位数据选择控制输入端，取名为 s。
（2）设置 4 个 4 位数据输入端，分别取名为 a、b、c、d。
（3）设置 1 个 4 位数据输出端，取名为 z。
（4）进行电路功能仿真与验证。

### 4.2.5　实验操作步骤

参照实验 4.1 步骤，完成 4 选 1 数据选择器的功能仿真。

### 4.2.6　实验报告

（1）总结用 ISE 开发软件进行设计、综合、仿真的操作步骤。
（2）讨论用 EDA 开发板进行逻辑电路设计的特点与优越性。
（3）讨论在设计过程中遇到的问题、解决问题的过程及收获和体会。

## 4.3　EDA 实验硬件熟悉

### 4.3.1　预习要求

（1）预习教材中的相关内容。
（2）预习老师教学演示的相关内容。

（3）阅读并熟悉本次实验内容。

### 4.3.2 实验目的

（1）了解 EDA 实验板结构与功能。

（2）掌握芯片下载与实验基本方法，验证数据选择器功能。

### 4.3.3 实验器材

（1）计算机       1 台

（2）ISE 软件开发系统       1 套

（3）FPGA 实验及下载装置       1 套

### 4.3.4 实验内容

在 EDA 实验板上验证数据选择器功能，具体要求如下：

（1）熟悉 ISE 软件开放系统中实验板的硬件结构和基本功能，掌握端口的配置方法。

（2）重复实验 4.1 和实验 4.2 中的步骤，下载实验程序，并观察现象。

（3）思考题：编写 3-8 译码器程序，下载实验程序，并观察现象。

### 4.3.5 实验操作步骤

（1）参照实验 4.1、实验 4.2 步骤，完成数据选择器的功能仿真，生成原理图文件和顶层文件。

（2）参照教材中 ISE 软件程序的下载步骤，完成实验程序的下载。

（3）结合仿真波形，验证程序设计功能。

### 4.3.6 实验报告

（1）总结电路下载和硬件实验的方法和步骤。

（2）讨论在设计过程中遇到的问题、解决问题的过程及收获和体会。

（3）总结该实验系统有何特点，有何改进之处，并思考该系统上还可做哪些实验。

（4）结合其他课程实验与 EDA 实验讲义，谈谈硬件实验的注意点。

## 4.4　寄存器电路设计仿真与下载

### 4.4.1　预习要求

（1）预习教材中的相关内容。

（2）预习老师教学演示的相关内容。

（3）阅读并熟悉本次实验内容。

### 4.4.2　实验目的

（1）学习并掌握 ISE 实验开发系统的操作技巧。

（2）掌握利用 VHDL 语言进行数字逻辑电路的设计方法与功能仿真技巧。

### 4.4.3　实验器材

（1）计算机　　　　　　　　　　　　　　　　　　　　　1 台

（2）ISE 软件开发系统　　　　　　　　　　　　　　　　1 套

（3）FPGA 实验及下载装置　　　　　　　　　　　　　　1 套

### 4.4.4　实验内容

用 VHDL 语言设计一个移位寄存电路，实现数据的串入并出，并进行功能仿真与下载测试。具体要求如下：

（1）设置 2 个输入端，即时钟输入端和串行数据输入端，分别取名为 CLK 和 DATA。

（2）设置 8 个数据输出端，取名为 $D_0$ 至 $D_7$。

（3）电路功能为每输入一个时钟脉冲，就把 DATA 端移至 $D_0$ 端，同时 $D_0$ 端的数据进入 $D_1$ 端，$D_6$ 端的数据进入 $D_7$ 端……完成数据逐位串行移动。

（4）进行电路功能仿真与验证。

（5）进行芯片数据下载与硬件功能测试。

### 4.4.5　实验操作步骤

参照实验 4.1、4.2 的步骤，完成寄存器电路的功能仿真。

### 4.4.6　实验报告

（1）总结用 VHDL 语言对寄存器电路进行设计的方法。
（2）结合仿真波形，分析实验现象。
（3）讨论在设计过程中遇到的问题、解决问题的过程及收获和体会。

## 4.5　层次化设计仿真与下载

### 4.5.1　预习要求

（1）预习组合电路中 1 位全加器的设计方法。
（2）预习组合电路中由 1 位全加器构成 2 位全加器的方法。
（3）预习 ISE 软件开发系统的层次化设计方法。
（4）预习 ISE 软件开发系统的下载方法。

### 4.5.2　实验目的

（1）巩固并掌握 ISE 开发系统的操作技巧。
（2）掌握触发器电路的设计方法。
（3）掌握 CPLD/FPGA 芯片下载与测试方法。

### 4.5.3　实验器材

（1）计算机　　　　　　　　　　　　　　　　　　1 台
（2）ISE 软件开发系统　　　　　　　　　　　　　1 套
（3）CPLD/FPGA 实验及下载装置　　　　　　　　1 套

### 4.5.4　实验内容

设计一个 2 位全加器。具体要求如下：

（1）用 VHDL 语言设计 1 位全加器，并进行综合、仿真。

（2）用设计好的 1 位全加器组合成 2 位全加器，并进行仿真测试。

（3）为设计好的 2 位全加器分配引脚、综合、下载，并进行硬件电路功能验证。

### 4.5.5　实验操作步骤

（1）在文本编辑方式下完成 1 位全加器的设计、综合、仿真。

（2）在文本编辑方式下完成 2 位全加器的设计，要求将设计的 1 位全加器作为元件例化在 2 位全加器的设计中。

（3）为设计好的 2 位全加器分配引脚、综合、下载，并在硬件电路中进行测试。

### 4.5.6　实验报告

（1）说明实验操作的基本步骤。

（2）画出实验中 1 位全加器和 2 位全加器的仿真波形。

（3）讨论在设计过程中遇到的问题、解决问题的过程及收获和体会。

## 4.6　触发器电路设计仿真与下载

### 4.6.1　预习要求

（1）预习教材中触发器设计的相关内容。

（2）预习老师教学演示的相关内容。

（3）预习实验开发系统的下载方法。

### 4.6.2　实验目的

（1）巩固并掌握 ISE 开发系统的操作技巧。

（2）练习 ISE 开发系统的层次化设计方法。

（3）掌握 CPLD/FPGA 芯片下载与测试方法。

### 4.6.3  实验器材

（1）计算机　　　　　　　　　　　　　　　　　　　1 台
（2）ISE 软件开发系统　　　　　　　　　　　　　　1 套
（3）CPLD/FPGA 实验及下载装置　　　　　　　　　1 套

### 4.6.4  实验内容

设计 D 触发器和 T 触发器。具体要求如下：

（1）用 VHDL 语言设计 D 触发器，cp 为时钟脉冲输入，d 为输入端，q 为输出端，并进行综合、仿真。

（2）用 VHDL 语言设计 T 触发器，设置端口，并进行综合、仿真。

（3）为设计好的触发器分配引脚、综合、下载，并进行硬件电路功能验证。

（4）思考题：设计实现 JK 触发器，并进行功能验证。

### 4.6.5  实验操作步骤

（1）在文本编辑方式下完成 D 触发器的设计、综合、仿真。

（2）在文本编辑方式下完成 T 触发器的设计、综合、仿真。

（3）为设计好的触发器分配引脚、综合、下载，并在硬件电路中进行测试。

参考程序（D 触发器）：

```
library ieee;
use ieee. std_logic_1164. all;
use ieee. std_logic_arith. all;
use ieee. std_logic_unsigned. all;
entity dchu is
    port( cp,d:in std_logic;
        q:out std_logic) ;
end dchu;
architecture a of dchu is
    begin
        process( cp)
```

```
    begin
        if cp′event and cp = ′1′ then
            q <= d;
        end if;
    end process;
end a;
```

### 4.6.6　实验报告

（1）说明实验操作的基本步骤。

（2）画出实验中 D 触发器和 T 触发器的仿真波形。

（3）讨论在设计过程中遇到的问题、解决问题的过程及收获和体会。

## 4.7　简单电路的 VHDL 语言描述

### 4.7.1　预习要求

（1）复习教材中 VHDL 语言的相关内容。

（2）了解 LED 数码管的引脚与数码管各段的排列顺序，并用 VHDL 语言设计 BCD-7 段译码显示电路；

（3）了解分频器的原理，并用 VHDL 语言进行设计。

### 4.7.2　实验目的

（1）学习并掌握 VHDL 语言、语法规则。

（2）用 VHDL 语言完成一些组合逻辑电路和时序电路的设计。

### 4.7.3　实验器材

（1）计算机　　　　　　　　　　　　　　　　　　　　1 台

（2）ISE 软件开发系统　　　　　　　　　　　　　　　1 套

（3）CPLD/FPGA 实验及下载装置　　　　　　　　　　1 套

### 4.7.4 实验内容

（1）用 VHDL 语言设计 BCD-7 段译码驱动芯片，并进行综合、下载及电路功能验证。

（2）用 VHDL 语言设计一个分频器，输出 100 Hz 方波后进行综合、仿真、下载及电路功能验证。

### 4.7.5 实验操作步骤

（1）开机，进入 ISE 软件开发系统。

（2）在 ISE 环境下，单击工具栏"NEW"命令，在弹出的对话框中选择文本编辑方式。

（3）在新建的编辑区用 VHDL 语言进行设计输入，并保存设计文件。

（4）参照前面实验的实验步骤，分别完成 BCD-7 段译码驱动电路和分频器电路的功能仿真。

（5）引脚分配、程序下载，进行硬件电路测试。

参考程序（BCD-7 段译码显示电路）：

```
library ieee;
use ieee.std_logic_1164.all;
use ieee.std_logic_unsigned.all;
entity deled is
    port(num: in std_logic_vector(3 downto 0);
        a,b,c,d,e,f,g: out std_logic);
end deled;
architecture art of deled is
  signal led:std_logic_vector(6 downto 0);
  begin
  process(num)
  begin
  case num is
      when "0000" => led<="1111110";
      when "0001" => led<="0110000";
      when "0010" => led<="1101101";
```

```
        when "0011" => led<="1111001";
        when "0100" => led<="0110011";
        when "0101" => led<="1011011";
        when "0110" => led<="1011111";
        when "0111" => led<="1110000";
        when "1000" => led<="1111111";
        when "1001" => led<="1111011";
        when "1010" => led<="1110111";
        when "1011" => led<="0011111";
        when "1100" => led<="1001110";
        when "1101" => led<="0111101";
        when "1110" => led<="1001111";
        when others => led<="1000111";
    end case;
    end process;
a<=led(6);b<=led(5);c<=led(4);d<=led(3);
e<=led(2);f<=led(1);g<=led(0);
    end art;
```

### 4.7.6　实验报告

（1）说明实验操作的基本步骤。

（2）写出 VHDL 语言设计 BCD-7 段译码显示电路的 VHDL 程序。

（3）写出分频器电路的 VHDL 程序并画出仿真波形。

# 4.8　7 人表决器的设计

### 4.8.1　预习要求

（1）预习教材中 VHDL 语言的相关内容。

（2）理解本实验的基本结构。

（3）明确各个模块的设计目标。

### 4.8.2　实验目的

（1）巩固和加深对 ISE 开发系统的理解和使用。

（2）掌握 VHDL 语言编程设计方法。

（3）掌握行为描述方式来设计电路。

（4）掌握综合性电路的设计、仿真、下载及调试方法。

### 4.8.3　实验器材

（1）计算机　　　　　　　　　　　　　　　　　　　　1 台

（2）ISE 软件开发系统　　　　　　　　　　　　　　　1 套

（3）CPLD/FPGA 实验及下载装置　　　　　　　　　　1 套

### 4.8.4　实验内容

（1）用 VHDL 语言设计 7 人表决器，用 7 个开关作为表决器的 7 个输入变量。输入变量为逻辑"1"时，表示表决者"赞同"；输入变量为"0"时，表示表决者"不赞同"。输出逻辑"1"时，表示表决"通过"；输出逻辑"0"时，表示表决"不通过"。当表决器的 7 个输入变量中有 4 个以上（含 4 个）为"1"时，则表决器输出为"1"；否则为"0"。

（2）设计完成后进行综合、仿真、下载及电路功能验证。

### 4.8.5　实验操作步骤

（1）开机，进入 ISE 软件开发系统。

（2）在 ISE 环境下，单击工具栏"NEW"命令，在弹出的对话框中选择文本编辑方式。

（3）在新建的编辑区用 VHDL 语言进行设计输入，并保存各个设计文件。

（4）生成功能模块，在原理图方式下完成系统的设计、综合和仿真。

（5）引脚分配、程序下载，进行硬件电路测试。

参考程序（4 输入状态编码）：

```
library ieee;

use ieee. std_logic_1164. all;
```

```
entity HB2 is
    port( DATA： in bit_vector( 3 downto 0) ;
            y： out bit_vector( 2 downto 0) ) ;
end HB2;
architecture a of HB2 is
    begin
    process( DATA)
    begin
    case data is
        when "0000"=>Y<="000";
        when "0001"=>Y<="001";
        when "0010"=>Y<="001";
        when "0011"=>Y<="010";
        when "0100"=>Y<="001";
        when "0101"=>Y<="010";
        when "0110"=>Y<="010";
        when "0111"=>Y<="011";
        when "1000"=>Y<="001";
        when "1001"=>Y<="010";
        when "1010"=>Y<="010";
        when "1011"=>Y<="011";
        when "1100"=>Y<="010";
        when "1101"=>Y<="011";
        when "1110"=>Y<="011";
        when "1111"=>Y<="100";
    end case;
    end process;
end a;
```

## 4.8.6　实验报告

（1）说明实验操作的基本步骤。

（2）写出用 VHDL 语言设计 7 人表决器的源程序，并画出仿真波形。

（3）书写实验报告时要结构合理，层次分明，在分析叙述时注意语言的流畅。

## 4.9 数字秒表的设计

### 4.9.1 预习要求

（1）预习教材中 VHDL 语言的相关内容。

（2）理解本实验的基本结构。

（3）明确各个模块的设计目标。

### 4.9.2 实验目的

（1）掌握自制 XC3S400 开发板的资源配置方法。

（2）掌握分频器、计数器电路的 VHDL 语言编程设计方法。

（3）掌握数码管的 VHDL 驱动显示方法。

（4）巩固和加深综合性电路的设计、仿真、下载及调试方法。

### 4.9.3 实验器材

| | |
|---|---|
| （1）计算机 | 1 台 |
| （2）ISE 软件开发系统 | 1 套 |
| （3）自制 XC3S400 开发板及下载装置 | 1 套 |

### 4.9.4 实验内容

（1）数字秒表主要由分频器、二十四进制计数器、六进制计数器、十进制计数器、扫描显示译码器电路组成。整个数字秒表中最关键的是如何获得一个精确的 100 Hz 计时脉冲。除此之外，数字秒表需设有清零控制端、启动端和保持端，能够完成清零、启动、保持（可使用拨码开关置数实现）功能。数字秒表显示由时、分、秒、百分之一秒组成，利用扫描显示译码电路在 8 个数码管显示。时、分、秒、百分之一秒显示应准确。

（2）利用 VHDL 语言设计 8 位数字秒表。数字秒表主要包括 5 个模块：

① 分率器：产生 100 Hz 计时脉冲（输入频率为 40 MHz）。

② 二十四进制计数器：对时进行计数。

③ 六进制计数器：分别对秒十位和分十位进行计数。

④ 十进制计数器：分别对秒个位和分个位进行计数。

⑤ 扫描显示译码器：完成对 7 字段数码管显示的控制。

（3）设计完成后进行综合、仿真、下载及电路功能验证。

## 4.9.5　实验操作步骤

（1）开机，进入 ISE 软件开发系统。

（2）在 ISE 环境下，单击工具栏"NEW"命令，在弹出的对话框中选择文本编辑方式。

（3）在新建的编辑区用 VHDL 语言编写各个模块程序，并保存各个设计文件。

（4）生成功能模块，在原理图方式下完成系统的设计、综合和仿真。

（5）引脚分配、程序下载，并进行硬件电路测试。

参考程序（六进制计数器）：

```
library ieee;
    use ieee. std_logic_1164. all;
    use ieee. std_logic_unsigned. all;
    entity cnt6 is
        port（clk:in std_logic;
        clr:in std_logic;
        ena: in std_logic;
        cq:ort std_logic_vector(3 downto 0);
        carry_out: out std_logic）;
    cnd cnt6;
    architecture art of cnt6 is
        signal cqi:std_logic_vector(3 downto 0);
        begin
        process(clk,clr,ena) is
        begin
```

```
                    if clr = '1' then cqi <= "0000";
                    elsif clk'event and clk = '1' then
                        if ena = '1' then
                            if cqi = "0101" then cqi <= "0000";
                            else cqi <= cqi+'1';
                            end if;
                        end if;
                    end if;
                    end process;
                    process(cqi) is
                        begin
                            if cqi = "0000" then carry_out <= '1';
                            else carry_out <= '0';
                            end if;
                    end process;
                cq <= cqi;
                end art;
```

## 4.9.6　实验报告

（1）说明实验操作的基本步骤。

（2）写出 VHDL 语言设计数字秒表的源程序，并画出仿真波形。

（3）书写实验报告时要结构合理、层次分明，在分析叙述时注意语言的流畅。

第 **5** 章

Multisim 软件使用基础

## 5.1　Multisim 软件简介

Multisim 是一款专门用于电子线路仿真和设计的软件，目前在电路分析、仿真与设计应用中比较流行。

Multisim 软件是一个完整的设计工具系统，提供了一个非常丰富的元件数据库、原理图输入接口，具有全部的数模 SNCE 仿真功能、VHDL/Verilog 语言编辑功能、FPGA/CPLD 综合开发功能、电路设计能力和后处理功能，还可进行从原理图到 PCB 布线的无缝隙数据传输。

Multisim 软件最突出的特点之一是用户界面友好，尤其是多种可放置到设计电路上的虚拟仪表很有特色。这些虚拟仪表主要包括示波器、万用表、功率表、信号发生器、波特图图示仪、失真度分析仪、频谱分析仪、逻辑分析仪和网络分析仪等，从而使电路的仿真分析操作更符合电子工程技术人员的工作习惯。

## 5.2　Multisim 软件界面

（1）启动操作。启动 Multisim 10 以后，出现如图 5.2.1 所示界面。

（2）Multisim 10 打开后的主界面如图 5.2.2 所示，其主要由菜单栏、工具栏、缩放栏、设计栏、仿真栏、工程栏、元件栏、仪器栏、电路绘制窗口等部分组成。

（3）执行"文件"→"新建"→"原理图"命令，将弹出主设计窗口。

图 5.2.1 Multisim **软件启动界面**

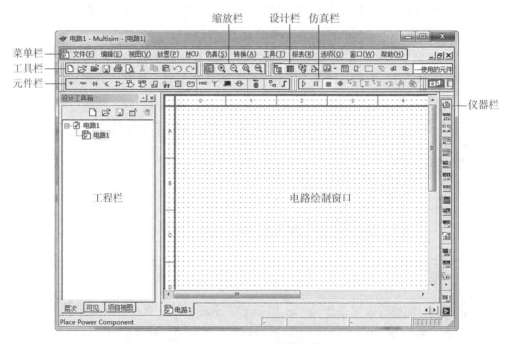

图 5.2.2 Multisim **软件主界面**

# 5.3　Multisim 软件常用元件库

Multisim 10 的元件库栏如图 5.3.1 所示。

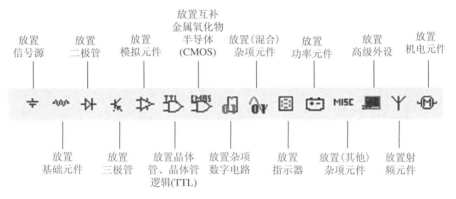

**图** 5.3.1　Multisim 10 **的元件库栏**

1. 放置信息源

单击"放置信号源"按钮，弹出对话框的"系列"栏内容如表 5.3.1
所示。

**表** 5.3.1　**放置信号源按钮"系列"栏内容**

| 器件 | 对应名称 |
|---|---|
| 电源 | POWER_SOURCES |
| 信号电压源 | SIGNAL_VOLTAGE_SOURCES |
| 信号电流源 | SIGNAL_CURRENT_SOURCES |
| 控制函数器件 | CONTROL_FUNCTION_BLOCKS |
| 电压控源 | CONTROLLED_VOLTAGE_SOURCES |
| 电流控源 | CONTROLLED_CURRENT_SOURCES |

（1）选中"电源（POWER_SOURCES）"，其"元件"栏内容如表 5.3.2
所示。

表 5.3.2   电源"元件"栏内容

| 器件 | 对应名称 |
| --- | --- |
| 交流电源 | AC_POWER |
| 直流电源 | DC_POWER |
| 数字地 | DGND |
| 地线 | GROUND |
| 非理想电源 | NON_IDEAL_BATTERY |
| 星形三相电源 | THREE_PHASE_DELTA |
| 三角形三相电源 | THREE_PHASE_WYE |
| TTL 电源 | VCC |
| CMOS 电源 | VDD |
| TTL 地端 | VEE |
| CMOS 地端 | VSS |

（2）选中"信号电压源（SIGNAL_VOLTAGE_SOURCES）"，其"元件"栏内容如表 5.3.3 所示。

表 5.3.3   信号电压源"元件"栏内容

| 器件 | 对应名称 |
| --- | --- |
| 交流信号电压源 | AC_VOLTAGE |
| 调幅信号电压源 | AM_VOLTAGE |
| 时钟信号电压源 | CLOCK_VOLTAGE |
| 指数信号电压源 | EXPONENTIAL_VOLTAGE |
| 调频信号电压源 | FM_VOLTAGE |
| 线性信号电压源 | PIECEWISE_LINEAR_VOLTAGE |
| 脉冲信号电压源 | PULSE_VOLTAGE |
| 噪声信号电压源 | WHITE_VOLTAGE |

（3）选中"信号电流源（SIGNAL_CURRENT_SOURCES）"，其"元件"栏内容如表 5.3.4 所示。

表 5.3.4　信号电流源"元件"栏内容

| 器件 | 对应名称 |
| --- | --- |
| 交流信号电流源 | AC_CURRENT |
| 调幅信号电流源 | AM_CURRENT |
| 时钟信号电流源 | CLOCK_CURRENT |
| 指数信号电流源 | EXPONENTIAL_CURRENT |
| 调频信号电流源 | FM_CURRENT |
| 线性信号电流源 | PIECEWISE_LINEAR_CURRENT |
| 脉冲信号电流源 | PULSE_CURRENT |
| 噪声信号电流源 | WHITE_CURRENT |

（4）选中"控制函数器件（CONTROL_FUNCTION_BLOCKS）"，其"元件"栏内容如表 5.3.5 所示。

表 5.3.5　控制函数器件"元件"栏内容

| 器件 | 对应名称 |
| --- | --- |
| 限流器 | CURRENT_LIMITER_BLOCK |
| 除法器 | DIVIDE |
| 乘法器 | MULTIPLIER |
| 非线性函数控制器 | NONLINEAR_DEPENDENT |
| 多项电压控制器 | POLYNOMIAL_VOLTAGE |
| 转移函数控制器 | TRANSFER_FUNCTION_BLOCK |
| 限制电压控制器 | VOLTAGE_CONTROLLED_LIMITER |
| 微分函数控制器 | VOLTAGE_DIFFERENTIATOR |
| 增压函数控制器 | VOLTAGE_GAIN_BLOCK |
| 滞回电压控制器 | VOLTAGE_HYSTERISIS_BLOCK |
| 积分函数控制器 | VOLTAGE_INTEGRATOR |
| 限幅器 | VOLTAGE_LIMITER |
| 信号响应速率控制器 | VOLTAGE_SLEW_RATE_BLOCK |
| 加法器 | VOLTAGE_SUMMER |

（5）选中"电压控源（CONTROLLED_VOLTAGE_SOURCES）"，其"元件"栏内容如表5.3.6所示。

表5.3.6　电压控源"元件"栏内容

| 器件 | 对应名称 |
| --- | --- |
| 单脉冲控制器 | CONTROLLED_ONE_SHOT |
| 电流控压器 | CURRENT_CONTROLLED_VOLTAGE_SOURCE |
| 键控电压器 | FSK_VOLTAGE |
| 电压控线性源 | VOLTAGE_CONTROLLED_PIECEWISE_LINEAR_SOURCE |
| 电压控正弦波 | VOLTAGE_CONTROLLED_SINE_WAVE |
| 电压控方波 | VOLTAGE_CONTROLLED_SQUARE_WAVE |
| 电压控三角波 | VOLTAGE_CONTROLLED_TRIANGLE_WAVE |
| 电压控电压器 | VOLTAGE_CONTROLLED_VOLTAGE_SOURCE |

（6）选中"电流控源（CONTROLLED_CURRENT_SOURCES）"，其"元件"栏内容如表5.3.7所示。

表5.3.7　电流控源"元件"栏内容

| 器件 | 对应名称 |
| --- | --- |
| 电流控电流源 | CURRENT_CONTROLLED_CURRENT_SOURCE |
| 电压控电流源 | VOLTAGE_CONTROLLED_CURRENT_SOURCE |

2. 放置基础元件

单击"放置基础元件"按钮，弹出对话框的"系列"栏内容如表5.3.8所示。

表5.3.8　放置基础元件"系列"栏

| 器件 | 对应名称 |
| --- | --- |
| 基本虚拟元件 | BASIC_VIRTUAL |
| 额定虚拟元件 | RATED_VIRTUAL |
| 三维虚拟元件 | 3D_VIRTUAL |
| 电阻器 | RESISTOR |
| 贴片电阻器 | RESISTOR_SMT |
| 电阻器组件 | RPACK |

| 器件 | 对应名称 |
|---|---|
| 电位器 | POTENTIOMETER |
| 电容器 | CAPACITOR |
| 电解电容器 | CAP_ELECTROLIT |
| 贴片电容器 | CAPACITOR_SMT |
| 贴片电解电容器 | CAP_ELECTROLIT_SMT |
| 可变电容器 | VARIABLE_CAPACITOR |
| 电感器 | INDUCTOR |
| 贴片电感器 | INDUCTOR_SMT |
| 可变电感器 | VARIABLE_INDUCTOR |
| 开关 | SWITCH |
| 变压器 | TRANSFORMER |
| 非线性变压器 | NON_LINEAR_TRANSFORMER |
| Z 负载 | Z_LOAD |
| 继电器 | RELAY |
| 连接器 | CONNECTORS |
| 插座、管座 | SOCKETS |

（1）选中"基本虚拟元件（BASIC_VIRTUAL）"，其"元件"栏内容如表 5.3.9 所示。

表 5.3.9　基本虚拟元件"元件"栏内容

| 器件 | 对应名称 |
|---|---|
| 虚拟交流 120 V 常闭继电器 | 120V_AC_NC_RELAY_VIRTUAL |
| 虚拟交流 120 V 常开继电器 | 120V_AC_NO_RELAY_VIRTUAL |
| 虚拟交流 120 V 双触点继电器 | 120V_AC_NONC_RELAY_VIRTUAL |
| 虚拟交流 12 V 常闭继电器 | 12V_AC_NC_RELAY_VIRTUAL |
| 虚拟交流 12 V 常开继电器 | 12V_AC_NO_RELAY_VIRTUAL |
| 虚拟交流 12 V 双触点继电器 | 12V_AC_NONC_RELAY_VIRTUAL |
| 虚拟电容器 | CAPACITOR_VIRTUAL |
| 虚拟无磁芯绕阻磁动势控制器 | CORELESS_COIL_VIRTUAL |

续表

| 器件 | 对应名称 |
|---|---|
| 虚拟电感器 | INDUCTOR_VIRTUAL |
| 虚拟有磁芯电感器 | MAGNETIC_CORE_VIRTUAL |
| 虚拟无磁芯耦合电感器 | NLT_VIRTUAL |
| 虚拟电位器 | POTENTIOMETER_VIRTUAL |
| 虚拟直流常开继电器 | RELAY1A_VIRTUAL |
| 虚拟直流常闭继电器 | RELAY1B_VIRTUAL |
| 虚拟直流双触点继电器 | RELAY1C_VIRTUAL |
| 虚拟电阻器 | RESISTOR_VIRTUAL |
| 虚拟半导体电容器 | SEMICONDUCTOR_CAPACITOR_VIRTUAL |
| 虚拟半导体电阻器 | SEMICONDUCTOR_RESISTOR_VIRTUAL |
| 虚拟带铁芯变压器 | TS_VIRTUAL |
| 虚拟可变电容器 | VARIABLE_CAPACITOR_VIRTUAL |
| 虚拟可变电感器 | VARIABLE_INDUCTOR_VIRTUAL |
| 虚拟可变下拉电阻器 | VARIABLE_PULLUP_VIRTUAL |
| 虚拟电压控制电阻器 | VOLTAGE_CONTROLLED_RESISTOR_VIRTUAL |

（2）选中"额定虚拟元件（RATED_VIRTUAL）"，其"元件"栏内容如表5.3.10所示。

表 5.3.10　额定虚拟元件"元件"栏内容

| 器件 | 对应名称 |
|---|---|
| 额定虚拟三五时基电路 | 555_TIMER_RATED |
| 额定虚拟 NPN 晶体管 | BJT_NPN_RATED |
| 额定虚拟 PNP 晶体管 | BJT_PNP_RATED |
| 额定虚拟电解电容器 | CAPACITOR_POL_RATED |
| 额定虚拟电容器 | CAPACITOR_RATED |
| 额定虚拟二极管 | DIODE_RATED |
| 额定虚拟熔丝管 | FUSE_RATED |
| 额定虚拟电感器 | INDUCTOR_RATED |

续表

| 器件 | 对应名称 |
|---|---|
| 额定虚拟蓝发光二极管 | LED_BLUE_RATED |
| 额定虚拟绿发光二极管 | LED_GREEN_RATED |
| 额定虚拟红发光二极管 | LED_RED_RATED |
| 额定虚拟黄发光二极管 | LED_YELLOW_RATED |
| 额定虚拟电动机 | MOTOR_RATED |
| 额定虚拟直流常闭继电器 | NC_RELAY_RATED |
| 额定虚拟直流常开继电器 | NO_RELAY_RATED |
| 额定虚拟直流双触点继电器 | NONC_RELAY_RATED |
| 额定虚拟运算放大器 | OPAMP_RATED |
| 额定虚拟普通发光二极管 | PHOTO_DIODE_RATED |
| 额定虚拟光电管 | PHOTO_TRANSISTOR_RATED |
| 额定虚拟电位器 | POTENTIOMETER_RATED |
| 额定虚拟下拉电阻 | PULLUP_RATED |
| 额定虚拟电阻 | RESISTOR_RATED |
| 额定虚拟带铁芯变压器 | TRANSFORMER_CT_RATED |
| 额定虚拟无铁芯变压器 | TRANSFORMER_RATED |
| 额定虚拟可变电容器 | VARIABLE_CAPACITOR_RATED |
| 额定虚拟可变电感器 | VARIABLE_INDUCTOR_RATED |

（3）选中"三维虚拟元件（3D_VIRTUAL）"，其"元件"栏内容如表 5.3.11 所示。

表 5.3.11　三维虚拟元件"元件"栏内容

| 器件 | 对应名称 |
|---|---|
| 三维虚拟 555 电路 | 555TIMER_3D_VIRTUAL |
| 三维虚拟 PNP 晶体管 | BJT_PNP_3D_VIRTUAL |
| 三维虚拟 NPN 晶体管 | BJT_NPN_3D_VIRTUAL |
| 三维虚拟 100 μF 电容器 | CAPACITOR_100 μF_3D_VIRTUAL |
| 三维虚拟 10 μF 电容器 | CAPACITOR_10 μF_3D_VIRTUAL |

| 器件 | 对应名称 |
| --- | --- |
| 三维虚拟 100 pF 电容器 | CAPACITOR_100pF_3D_VIRTUAL |
| 三维虚拟同步十进制计数器 | COUNTER_74LS160N_3D_VIRTUAL |
| 三维虚拟二极管 | DIODE_3D_VIRTUAL |
| 三维虚拟竖直 1.0 μH 电感器 | INDUCTOR1_1.0 μH_3D_VIRTUAL |
| 三维虚拟横卧 1.0 μH 电感器 | INDUCTOR2_1.0 μH_3D_VIRTUAL |
| 三维虚拟红色发光二极管 | LED1_RED_3D_VIRTUAL |
| 三维虚拟黄色发光二极管 | LED2_YELLOW_3D_VIRTUAL |
| 三维虚拟绿色发光二极管 | LED3_GREEN_3D_VIRTUAL |
| 三维虚拟场效应管 | MOSFET1_3TEN_3D_VIRTUAL |
| 三维虚拟电动机 | MOTOR_DC1_3D_VIRTUAL |
| 三维虚拟运算放大器 | OPAMP_741_3D_VIRTUAL |
| 三维虚拟 5 k 电位器 | POTENTIOMETER1_5K_3D_VIRTUAL |
| 三维虚拟 4-2 与非门 | QUAD_AND_GATE_3D_VIRTUAL |
| 三维虚拟 1.0 k 电阻 | RESISTOR1_1.0K_3D_VIRTUAL |
| 三维虚拟 4.7 k 电阻 | RESISTOR2_4.7K_3D_VIRTUAL |
| 三维虚拟 680 电阻 | RESISTOR3_680_3D_VIRTUAL |
| 三维虚拟 8 位移位寄存器 | SHIFT_REGISTER_74LS165N_3D_VIRTUAL |
| 三维虚拟推拉开关 | SWITCH1_3D_VIRTUAL |

（4）选中"电阻器（RESISTOR）"，其"元件"栏中有从"1.0 Ω 到 22 MΩ"全系列电阻可供调用。

（5）选中"贴片电阻器（RESISTOR_SMT）"，其"元件"栏中有从"0.05 Ω 到 20.00 MΩ"系列电阻可供调用。

（6）选中"电阻器组件（RPACK）"，其"元件"栏中有 7 种排阻可供调用。

（7）选中"电位器（POTENTIOMETER）"，其"元件"栏中有 18 种阻值电位器可供调用。

（8）选中"电容器（CAPACITOR）"，其"元件"栏中有从"1.0 pF 到 10 μF"系列电容可供调用。

（9）选中"电解电容器（CAP_ELECTROLIT）"，其"元件"栏中有从

"0.1 μF 到 10 F" 系列电解电容器可供调用。

（10）选中"贴片电容器（CAPACITOR_SMT）"，其"元件"栏中有从"0.5 pF 到 33 nF" 系列电容可供调用。

（11）选中"贴片电解电容器（CAP_ELECTROLIT_SMT）"，其"元件"栏中有 17 种贴片电解电容可供调用。

（12）选中"可变电容器（VARIABLE_CAPACITOR）"，其"元件"栏中仅有 30 pF、100 pF 和 350 pF 3 种可变电容器可供调用。

（13）选中"电感器（INDUCTOR）"，其"元件"栏中有从"1.0 μH 到 9.1 H"全系列电感可供调用。

（14）选中"贴片电感器（INDUCTOR_SMT）"，其"元件"栏中有 23 种贴片电感可供调用。

（15）选中"可变电感器（VARIABLE_INDUCTOR）"，其"元件"栏中仅有 3 种可变电感器可供调用。

（16）选中"开关（SWITCH）"，其"元件"栏内容如表 5.3.12 所示。

表 5.3.12　开关"元件"栏内容

| 器件 | 对应名称 |
| --- | --- |
| 电流控制开关 | CURRENT_CONTROLLED_SWITCH |
| 双列直插式开关 1 | DIPSW1 |
| 双列直插式开关 10 | DIPSW10 |
| 双列直插式开关 2 | DIPSW2 |
| 双列直插式开关 3 | DIPSW3 |
| 双列直插式开关 4 | DIPSW4 |
| 双列直插式开关 5 | DIPSW5 |
| 双列直插式开关 6 | DIPSW6 |
| 双列直插式开关 7 | DIPSW7 |
| 双列直插式开关 8 | DIPSW8 |
| 双列直插式开关 9 | DIPSW9 |
| 按钮开关 | PB_DPST |
| 单刀单掷开关 | SPDT |
| 单刀双掷开关 | SPST |
| 时间延时开关 | TD_SW1 |
| 电压控制开关 | VOLTAGE_CONTROLLED_SWITCH |

（17）选中"变压器（TRANSFORMER）"，其"元件"栏中有 20 种变压器可供调用。

（18）选中"非线性变压器（NON_LINEAR_TRANSFORMER）"，其"元件"栏中有 10 种非线性变压器可供调用。

（19）选中"Z 负载（Z_LOAD）"，其"元件"栏中有 10 种负载阻抗可供调用。

（20）选中"继电器（RELAY）"，其"元件"栏中有 96 种直流继电器可供调用。

（21）选中"连接器（CONNECTORS）"，其"元件"栏中有 130 种连接器可供调用。

（22）选中"插座、管座（SOCKETS）"，其"元件"栏中有 12 种插座可供调用。

3. 放置二极管

单击"放置二极管"按钮，弹出对话框的"系列"栏内容如表 5.3.13 所示。

表 5.3.13　放置二极管"系列"栏内容

| 器件 | 对应名称 |
| --- | --- |
| 虚拟二极管 | DIODES_VIRTUAL |
| 二极管 | DIODE |
| 齐纳二极管 | ZENER |
| 发光二极管 | LED |
| 二极管整流桥 | FWB |
| 肖特基二极管 | SCHOTTKY_DIODE |
| 单向晶体闸流管 | SCR |
| 双向二极管开关 | DIAC |
| 双向晶体闸流管 | TRIAC |
| 变容二极管 | VARACTOR |
| PIN 结二极管 | PIN_DIODE |

（1）选中"虚拟二极管（DIODES_VIRTUAL）"，其"元件"栏中仅有 2 种虚拟二极管元件可供调用：一种是普通虚拟二极管，另一种是齐纳击穿虚拟二极管。

（2）选中"二极管（DIODE）"，其"元件"栏中包括了国外公司提供的 807 种二极管可供调用。

（3）选中"齐纳二极管（即稳压管）（ZENER）"，其"元件"栏中包括了国外公司提供的 1 266 种稳压管可供调用。

（4）选中"发光二极管（LED）"，其"元件"栏中有 8 种颜色的发光二极管可供调用。

（5）选中"二极管整流桥（FWB）"，其"元件"栏中有 58 种全波桥式整流器可供调用。

（6）选中"肖特基二极管（SCHOTTKY_DIODE）"，其"元件"栏中有 39 种肖特基二极管可供调用。

（7）选中"单向晶体闸流管（SCR）"，其"元件"栏中有 276 种单向晶体闸流管可供调用。

（8）选中"双向开关二极管（DIAC）"，其"元件"栏中有 11 种双向开关二极管（相当于 2 只肖特基二极管并联）可供调用。

（9）选中"双向晶体闸流管（TRIAC）"，其"元件"栏中有 101 种双向晶体闸流管可供调用。

（10）选中"变容二极管（VARACTOR）"，其"元件"栏中有 99 种变容二极管可供调用。

（11）选中"PIN 结二极管（PIN_DIODE）（即 Positive-Intrinsic-Negative 结二极管）"，其"元件"栏中有 19 种 PIN 结二极管可供调用。

4. 放置三极管

单击"放置三极管"按钮，弹出对话框的"系列"栏内容如表 5.3.14 所示。

表 5.3.14　放置三极管"系列"栏内容

| 器件 | 对应名称 |
| --- | --- |
| 虚拟晶体管 | TRANSISTORS_VIRTUAL |
| 双极结型 NPN 晶体管 | BJT_NPN |
| 双极结型 PNP 晶体管 | BJT_PNP |
| NPN 型达林顿管 | DARLINGTON_NPN |
| PNP 型达林顿管 | DARLINGTON_PNP |
| 达林顿管阵列 | DARLINGTON_ARRAY |

| 器件 | 对应名称 |
| --- | --- |
| 带阻 NPN 晶体管 | BJT_NRES |
| 带阻 PNP 晶体管 | BJT_PRES |
| 双极结型晶体管阵列 | BJT_ARRAY |
| MOS 门控开关管 | IGBT |
| N 沟道耗尽型 MOS 管 | MOS_3TDN |
| N 沟道增强型 MOS 管 | MOS_3TEN |
| P 沟道增强型 MOS 管 | MOS_3TEP |
| N 沟道耗尽型结型场效应管 | JFET_N |
| P 沟道耗尽型结型场效应管 | JFET_P |
| N 沟道 MOS 功率管 | POWER_MOS_N |
| P 沟道 MOS 功率管 | POWER_MOS_P |
| MOS 功率对管 | POWER_MOS_COMP |
| UJT 管 | UJT |
| 温度模型 NMOSFET 管 | THERMAL_MODELS |

（1）选中"虚拟晶体管（TRANSISTORS_VIRTUAL）"，其"元件"栏中有 16 种虚拟晶体管可供调用，其中包括 NPN 型、PNP 型晶体管，JFET 和 MOSFET 等。

（2）选中"双极结型 NPN 晶体管（BJT_NPN）"，其"元件"栏中有 658 种晶体管可供调用。

（3）选中"双极结型 PNP 晶体管（BJT_PNP）"，其"元件"栏中有 409 种晶体管可供调用。

（4）选中"NPN 型达林顿管（DARLINGTON_NPN）"，其"元件"栏中有 46 种达林顿管可供调用。

（5）选中"PNP 型达林顿管（DARLINGTON_PNP）"，其"元件"栏中有 13 种达林顿管可供调用。

（6）选中"达林顿管阵列（DARLINGTON_ARRAY）"，其"元件"栏中有 8 种集成达林顿管可供调用。

（7）选中"带阻 NPN 晶体管（BJT_NRES）"，其"元件"栏中有 71 种带阻 NPN 晶体管可供调用。

（8）选中"带阻 PNP 晶体管（BJT_PRES）"，其"元件"栏中有 29 种带阻 PNP 晶体管可供调用。

（9）选中"双极结型晶体管阵列（BJT_ARRAY）"，其"元件"栏中有 10 种晶体管阵列可供调用。

（10）选中"MOS 门控开关（IGBT）"，其"元件"栏中有 98 种 MOS 门控制的功率开关可供调用。

（11）选中"N 沟道耗尽型 MOS 管（MOS_3TDN）"，其"元件"栏中有 9 种 MOSFET 管可供调用。

（12）选中"N 沟道增强型 MOS 管（MOS_3TEN）"，其"元件"栏中有 545 种 MOSFET 管可供调用。

（13）选中"P 沟道增强型 MOS 管（MOS_3TEP）"，其"元件"栏中有 157 种 MOSFET 管可供调用。

（14）选中"N 沟道耗尽型结型场效应管（JFET_N）"，其"元件"栏中有 263 种 JFET 管可供调用。

（15）选中"P 沟道耗尽型结型场效应管（JFET_P）"，其"元件"栏中有 26 种 JFET 管可供调用。

（16）选中"N 沟道 MOS 功率管（POWER_MOS_N）"，其"元件"栏中有 116 种 N 沟道 MOS 功率管可供调用。

（17）选中"P 沟道 MOS 功率管（POWER_MOS_P）"，其"元件"栏中有 38 种 P 沟道 MOS 功率管可供调用。

（18）选中"MOS 功率对管（POWER_MOS_COMP）"，其"元件"栏中有 18 种 MOS 功率对管可供调用。

（19）选中"UJT 管（UJT）"，其"元件"栏中仅有 2 种 UJT 管可供调用。

（20）选中"温度模型 NMOSFET 管（THERMAL_MODELS）"，其"元件"栏中仅有 1 种 NMOSFET 管可供调用。

5. 放置模拟元件

单击"放置模拟元件"按钮，弹出对话框的"系列"栏内容如表 5.3.15 所示。

表 5.3.15  放置模拟元件"系列"栏内容

| 器件 | 对应名称 |
| --- | --- |
| 模拟虚拟元件 | ANALOG_VIRTUAL |
| 运算放大器 | OPAMP |
| 比较器 | COMPARATOR |
| 宽带运放 | WIDEBAND_AMPS |
| 诺顿运算放大器 | OPAMP_NORTON |
| 特殊功能运放 | SPECIAL_FUNCTION |

（1）选中"模拟虚拟元件（ANALOG_VIRTUAL）"，其"元件"栏中仅有虚拟比较器、三端虚拟运放和五端虚拟运放 3 种元件可供调用。

（2）选中"运算放大器（OPAMP）"，其"元件"栏中包括了国外公司提供的多达 4 243 种运放可供调用。

（3）选中"比较器（COMPARATOR）"，其"元件"栏中有 341 种比较器可供调用。

（4）选中"宽带运放（WIDEBAND_AMPS）"，其"元件"栏中有 144 种宽带运放可供调用，宽带运放典型值达 100 MHz，主要用于视频放大电路。

（5）选中"诺顿运算放大器（OPAMP_NORTON）"，其"元件"栏中有 16 种诺顿运放可供调用。

（6）选中"特殊功能运放（SPECIAL_FUNCTION）"，其"元件"栏中有 165 种特殊功能运放可供调用，主要包括测试运放、视频运放、乘法器/除法器、前置放大器和有源滤波器等。

6. 放置晶体管、晶体管逻辑（TTL）

单击"放置晶体管、晶体管逻辑（TTL）"按钮，弹出对话框的"系列"栏内容如表 5.3.16 所示。

表 5.3.16  放置晶体管、晶体管逻辑（TTL）"系列"栏内容

| 器件 | 对应名称 |
| --- | --- |
| 74STD 系列 | 74STD |
| 74S 系列 | 74S |
| 74LS 系列 | 74LS |
| 74F 系列 | 74F |
| 74ALS 系列 | 74ALS |
| 74AS 系列 | 74AS |

（1）选中"74STD 系列"，其"元件"栏中有 126 种规格的数字集成电路可供调用。

（2）选中"74S 系列"，其"元件"栏中有 111 种规格的数字集成电路可供调用。

（3）选中"低功耗肖特基 TTL 型数字集成电路（74LS 系列）"，其"元件"栏中有 281 种规格的数字集成电路可供调用。

（4）选中"74F 系列"，其"元件"栏中有 185 种规格的数字集成电路可供调用。

（5）选中"74ALS 系列"，其"元件"栏中有 92 种规格的数字集成电路可供调用。

（6）选中"74AS 系列"，其"元件"栏中有 50 种规格的数字集成电路可供调用。

7. 放置互补金属氧化物半导体（CMOS）

单击"放置互补金属氧化物半导体（CMOS）"按钮，弹出对话框的"系列"栏内容如表 5.3.17 所示。

表 5.3.17　放置互补金属氧化物半导体（CMOS）"系列"栏内容

| 器件 | 对应名称 |
|---|---|
| CMOS_5V 系列 | CMOS_5V |
| 74HC_2V 系列 | 74HC_2V |
| CMOS_10V 系列 | CMOS_10V |
| 74HC_4V 系列 | 74HC_4V |
| CMOS_15V 系列 | CMOS_15V |
| 74HC_6V 系列 | 74HC_6V |
| TinyLogic_2V 系列 | TinyLogic_2V |
| TinyLogic_3V 系列 | TinyLogic_3V |
| TinyLogic_4V 系列 | TinyLogic_4V |
| TinyLogic_5V 系列 | TinyLogic_5V |
| TinyLogic_6V 系列 | TinyLogic_6V |

（1）选中"CMOS_5V 系列"，其"元件"栏中有 265 种数字集成电路可供调用。

（2）选中"74HC_2V 系列"，其"元件"栏中有 176 种数字集成电路可供调用。

（3）选中"CMOS_10V 系列"，其"元件"栏中有 265 种数字集成电路可供调用。

（4）选中"74HC_4V 系列"，其"元件"栏中有 126 种数字集成电路可供调用。

（5）选中"CMOS_15V 系列"，其"元件"栏中有 172 种数字集成电路可供调用。

（6）选中"74HC_6V 系列"，其"元件"栏中有 176 种数字集成电路可供调用。

（7）选中"TinyLogic_2V 系列"，其"元件"栏中有 18 种数字集成电路可供调用。

（8）选中"TinyLogic_3V 系列"，其"元件"栏中有 18 种数字集成电路可供调用。

（9）选中"TinyLogic_4V 系列"，其"元件"栏中有 18 种数字集成电路可供调用。

（10）选中"TinyLogic_5V 系列"，其"元件"栏中有 24 种数字集成电路可供调用。

（11）选中"TinyLogic_6V 系列"，其"元件"栏中有 7 种数字集成电路可供调用。

8. 放置杂项数字电路

单击"放置杂项数字电路"按钮，弹出对话框的"系列"栏内容如表 5.3.18 所示。

表 5.3.18　放置杂项数字电路"系列"栏内容

| 器件 | 对应名称 |
|---|---|
| TIL 系列器件 | TIL |
| 数字信号处理器件 | DSP |
| 现场可编程器件 | FPGA |
| 可编程逻辑电路 | PLD |
| 复杂可编程逻辑电路 | CPLD |
| 微处理控制器 | MICROCONTROLLERS |
| 微处理器 | MICROPROCESSORS |

续表

| 器件 | 对应名称 |
| --- | --- |
| 用 VHDL 语言编程器件 | VHDL |
| 用 Verilog HDL 语言编程器件 | VERILOG_HDL |
| 存储器 | MEMORY |
| 线路驱动器件 | LINE_DRIVER |
| 线路接收器件 | LINE_RECEIVER |
| 无线电收发器件 | LINE_TRANSCEIVER |

（1）选中"TIL 系列器件（TIL）"，其"元件"栏中有 103 种器件可供调用。

（2）选中"数字信号处理器件（DSP）"，其"元件"栏中有 117 种器件可供调用。

（3）选中"现场可编程器件（FPGA）"，其"元件"栏中有 83 种器件可供调用。

（4）选中"可编程逻辑电路（PLD）"，其"元件"栏中有 30 种器件可供调用。

（5）选中"复杂可编程逻辑电路（CPLD）"，其"元件"栏中有 20 种器件可供调用。

（6）选中"微处理控制器（MICROCONTROLLERS）"，其"元件"栏中有 70 种器件可供调用。

（7）选中"微处理器（MICROPROCESSORS）"，其"元件"栏中有 60 种器件可供调用。

（8）选中"用 VHDL 语言编程器件（VHDL）"，其"元件"栏中有 119 种器件可供调用。

（9）选中"用 Verilog HDL 语言编程器件（VERILOG_HDL）"，其"元件"栏中有 10 种器件可供调用。

（10）选中"存储器（MEMORY）"，其"元件"栏中有 87 种器件可供调用。

（11）选中"线路驱动器件（LINE_DRIVER）"，其"元件"栏中有 16 种器件可供调用。

（12）选中"线路接收器件（LINE_RECEIVER）"，其"元件"栏中有

20 种器件可供调用。

（13）选中"无线电收发器件（LINE_TRANSCEIVER）"，其"元件"栏中有 150 种器件可供调用。

9. 放置（混合）杂项元件

单击"放置（混合）杂项元件"按钮，弹出对话框的"系列"栏内容如表 5.3.19 所示。

表 5.3.19  放置（混合）杂项元件"系列"栏内容

| 器件 | 对应名称 |
|---|---|
| 混合虚拟器件 | MIXED_VIRTUAL |
| 555 定时器 | TIMER |
| AD/DA 转换器 | ADC_DAC |
| 模拟开关 | ANALOG_SWITCH |
| 多频振荡器 | MULTIVIBRATORS |

（1）选中"混合虚拟器件（MIXED_VIRTUAL）"，其"元件"栏内容如表 5.3.20 所示。

表 5.3.20  混合虚拟器件"元件"栏内容

| 器件 | 对应名称 |
|---|---|
| 虚拟 555 电路 | 555_VIRTUAL |
| 虚拟模拟开关 | ANALOG_SWITCH_VIRTUAL |
| 虚拟频率分配器 | FREQ_DIVIDER_VTRTUAL |
| 虚拟单稳态触发器 | MONOSTABLE_VTRTUAL |
| 虚拟锁相环 | PLL_VTRTUAL |

（2）选中"555 定时器（TIMER）"，其"元件"栏中有 8 种 LM555 电路可供调用。

（3）选中"AD/DA 转换器（ADC_DAC）"，其"元件"栏中有 39 种转换器可供调用。

（4）选中"模拟开关（ANALOG_SWITCH）"，其"元件"栏中有 127 种模拟开关可供调用。

（5）选中"多频振荡器（MULTIVIBRATORS）"，其"元件"栏中有 8 种振荡器可供调用。

10. 放置指标器

单击"放置指示器"按钮，弹出对话框的"系列"栏内容如表 5.3.21
所示。

表 5.3.21　放置指示器"系列"栏内容

| 器件 | 对应名称 |
| --- | --- |
| 电压表 | VOLTMETER |
| 电流表 | AMMETER |
| 探测器 | PROBE |
| 蜂鸣器 | BUZZER |
| 灯泡 | LAMP |
| 虚拟灯泡 | VIRTUAL_LAMP |
| 十六进制显示器 | HEX_DISPLAY |
| 条形光柱 | BARGRAPH |

（1）选中"电压表（VOLTMETER）"，其"元件"栏中有 4 种不同形式
的电压表可供调用。

（2）选中"电流表（AMMETER）"，其"元件"栏中有 4 种不同形式的
电流表可供调用。

（3）选中"探测器（PROBE）"，其"元件"栏中有 5 种颜色的探测器
可供调用。

（4）选中"蜂鸣器（BUZZER）"，其"元件"栏中仅有 2 种蜂鸣器可供
调用。

（5）选中"灯泡（LAMP）"，其"元件"栏中有 9 种不同功率的灯泡可
供调用。

（6）选中"虚拟灯泡（VIRTUAL_LAMP）"，其"元件"栏中只有 1 种虚
拟灯泡可供调用。

（7）选中"十六进制显示器（HEX_DISPLAY）"，其"元件"栏中有 33
种十六进制显示器可供调用。

（8）选中"条形光柱（BARGRAPH）"，其"元件"栏中仅有 3 种条形
光柱可供调用。

11. 放置（其他）杂项元件

单击"放置（其他）杂项元件"按钮，弹出对话框的"系列"栏内容如表 5.3.22 所示。

表 5.3.22　放置（其他）杂项元件"系列"栏内容

| 器件 | 对应名称 |
|---|---|
| 其他虚拟元件 | MISC_VIRTUAL |
| 传感器 | TRANSDUCERS |
| 光电三极管型耦合器 | OPTOCOUPLER |
| 晶振 | CRYSTAL |
| 真空电子管 | VACUUM_TUBE |
| 熔丝管 | FUSE |
| 三端稳压器 | VOLTAGE_REGULATOR |
| 基准稳压器件 | VOLTAGE_REFERENCE |
| 电压干扰抑制器 | VOLTAGE_SUPPRESSOR |
| 降压变换器 | BUCK_CONVERTER |
| 升压变换器 | BOOST_CONVERTER |
| 降压/升压变换器 | BUCK_BOOST_CONVERTER |
| 有损耗传输线 | LOSSY_TRANSMISSION_LINE |
| 无损耗传输线 1 | LOSSLESS_LINE_TYPE1 |
| 无损耗传输线 2 | LOSSLESS_LINE_TYPE2 |
| 滤波器 | FILTERS |
| 场效应管驱动器 | MOSFET_DRIVER |
| 电源功率控制器 | POWER_SUPPLY_CONTROLLER |
| 混合电源功率控制器 | MISCPOWER |
| 脉宽调制控制器 | PWM_CONTROLLER |
| 网络 | NET |
| 其他元件 | MISC |

（1）选中"其他虚拟元件（MISC_VIRTUAL）"，其"元件"栏内容如表 5.3.23 所示。

表 5.3.23 其他虚拟元件"元件"栏内容

| 器件 | 对应名称 |
|------|---------|
| 虚拟晶振 | CRYSTAL_VIRTUAL |
| 虚拟熔丝 | FUSE_VIRTUAL |
| 虚拟电机 | MOTOR_VIRTUAL |
| 虚拟光耦合器 | OPTOCOUPLER_VIRTUAL |
| 虚拟电子真空管 | TRIODE_VIRTUAL |

（2）选中"传感器（TRANSDUCERS）"，其"元件"栏中有 70 种传感器可供调用。

（3）选中"光电三极管型光耦合器（OPTOCOUPLER）"，其"元件"栏中有 82 种传感器可供调用。

（4）选中"晶振（CRYSTAL）"，其"元件"栏中有 18 种不同频率的晶振可供调用。

（5）选中"真空电子管（VACUUM_TUBE）"，其"元件"栏中有 22 种电子管可供调用。

（6）选中"熔丝管（FUSE）"，其"元件"栏中有 13 种不同电流的熔丝管可供调用。

（7）选中"三端稳压器（VOLTAGE_REGULATOR）"，其"元件"栏中有 158 种不同稳压值的三端稳压器可供调用。

（8）选中"基准稳压器件（VOLTAGE_REFERENCE）"，其"元件"栏中有 106 种基准稳压器件可供调用。

（9）选中"电压干扰抑制器（VOLTAGE_SUPPRESSOR）"，其"元件"栏中有 118 种电压干扰抑制器可供调用。

（10）选中"降压变压器（BUCK_CONVERTER）"，其"元件"栏中只有 1 种降压变压器可供调用。

（11）选中"升压变压器（BOOST_CONVERTER）"，其"元件"栏中只有 1 种升压变压器可供调用。

（12）选中"降压/升压变压器（BUCK_BOOST_CONVERTER）"，其"元件"栏中有 2 种降压/升压变压器可供调用。

（13）选中"有损耗传输线（LOSSY_TRANSMISSION_LINE）"、"无损耗传输线 1（LOSSLESS_LINE_TYPE1）"和"无损耗传输线 2（LOSSLESS_LINE_TYPE2）"，其"元件"栏中都只有 1 种传输线可供调用。

（14）选中"滤波器（FILTERS）"，其"元件"栏中有 34 种滤波器可供调用。

（15）选中"场效应管驱动器（MOSFET_DRIVER）"，其"元件"栏中有 29 种场效应管驱动器可供调用。

（16）选中"电源功率控制器（POWER_SUPPLY_CONTROLLER）"，其"元件"栏中有 3 种电源功率控制器可供调用。

（17）选中"混合电源功率控制器（MISCPOWER）"，其"元件"栏中有 32 种混合电源功率控制器可供调用。

（18）选中"脉宽调制控制器（PWM_CONTROLLER）"，其"元件"栏中有 2 种脉宽调制控制器可供调用。

（19）选中"网络（NET）"，其"元件"栏中有 11 种网络可供调用。

（20）选中"其他元件（MISC）"，其"元件"栏中有 14 种元件可供调用。

12．放置射频元件

单击"放置射频元件"按钮，弹出对话框的"系列"栏内容如表 5.3.24 所示。

表 5.3.24　放置射频元件"系列"栏内容

| 器件 | 对应名称 |
| --- | --- |
| 射频电容器 | RF_CAPACITOR |
| 射频电感器 | RF_INDUCTOR |
| 射频双极结型 NPN 管 | RF_BJT_NPN |
| 射频双极结型 PNP 管 | RF_BJT_PNP |
| 射频 N 沟道耗尽型 MOS 管 | RF_MOS_3TDN |
| 射频隧道二极管 | TUNNEL_DIODE |
| 射频传输线 | STRIP_LINE |

（1）选中"射频电容器（RF_CAPACITOR）"和"射频电感器（RF_INDUCTOR）"，其"元件"栏中都只有 1 种器件可供调用。

（2）选中"射频双极结型 NPN 管（RF_BJT_NPN）"，其"元件"栏中有 84 种 NPN 管可供调用。

（3）选中"射频双极结型 PNP 管（RF_BJT_PNP）"，其"元件"栏中有 7 种 PNP 管可供调用。

（4）选中"射频 N 沟道耗尽型 MOS 管（RF_MOS_3TDN）"，其"元件"栏中有 30 种射频 MOSFET 管可供调用。

（5）选中"射频隧道二极管（TUNNEL_DIODE）"，其"元件"栏中有 10 种射频隧道二极管可供调用。

（6）选中"射频传输线（STRIP_LINE）"，其"元件"栏中有 6 种射频传输线可供调用。

13. 放置机电元件

单击"放置机电元件"按钮，弹出对话框的"系列"栏内容如表 5.3.25 所示。

表 5.3.25　放置机电元件"系列"栏内容

| 器件 | 对应名称 |
| --- | --- |
| 检测开关 | SENSING_SWITCHES |
| 瞬时开关 | MOMENTARY_SWITCHES |
| 接触器 | SUPPLEMENTARY_CONTACTS |
| 定时接触器 | TIMED_CONTACTS |
| 线圈和继电器 | COILS_RELAYS |
| 线性变压器 | LINE_TRANSFORMER |
| 保护装置 | PROTECTION_DEVICES |
| 输出设备 | OUTPUT_DEVICES |

（1）选中"检测开关（SENSING_SWITCHES）"，其"元件"栏中有 17 种开关可供调用，并可用键盘上的相关键来控制开关的开或合。

（2）选中"瞬时开关（MPMENTARY_SWITCIIES）"，其"元件"栏中有 6 种开关可供调用，动作后会很快恢复为原始状态。

（3）选中"接触器（SUPPLEMENTARY_CONTACTS）"，其"元件"栏中有 21 种接触器可供调用。

（4）选中"定时接触器（TIMED_CONTACTS）"，其"元件"栏中有 4 种定时接触器可供调用。

（5）选中"线圈和继电器（COILS_RELAYS）"，其"元件"栏中有 55 种线圈与继电器可供调用。

（6）选中"线性变压器（LINE_TRANSFORMER）"，其"元件"栏中有 11 种线性变压器可供调用。

（7）选中"保护装置（PROTECTION_DEVICES）"，其"元件"栏中有 4 种保护装置可供调用。

（8）选中"输出设备（OUTPUT_DEVICES）"，其"元件"栏中有 6 种输出设备可供调用。

由于功率元件和高级外设在专用电路仿真中才会涉及，因此这两部分内容在本书中不详细展开叙述。至此，电子仿真软件 Multisim 的常用元件库及元器件全部介绍完毕。上述关于元件调用步骤的分析，希望对读者在创建基础仿真电路寻找元件时有一定的帮助。这里还有几点说明：

① 关于虚拟元件，这里指的是现实中不存在的元件，也可以理解为参数可以任意修改和设置的元件。比如：一个 1.034 Ω 电阻、2.3 μF 电容等不规范的特殊元件，就可以选择虚拟元件通过设置参数实现；但仿真电路中的虚拟元件不能链接到制版软件 Ultiboard 8.0 的 PCB 文件中进行制版，这一点不同于其他元件。

② 与虚拟元件相对应，我们把现实中可以找到的元件称为真实元件或现实元件。比如：电阻的"元件"栏中就列出了从 1.0 Ω~22 MΩ 的全系列现实中可以找到的电阻。现实电阻只能调用，但不能修改它们的参数（极个别可以修改，如晶体管的 β 值）。凡仿真电路中的真实元件都可以自动链接到 Ultiboard 8.0 中进行制版。

③ 电源虽列在现实元件栏中，但它属于虚拟元件，可以任意修改和设置它的参数；电源和地线也都不会进入 Ultiboard 8.0 的 PCB 界面进行制版。

④ 额定元件允许通过的电流、电压、功率等的最大值都是有限制的。超过额定值，该元件将被击穿或烧毁。其他元件都是理想元件，没有定额限制。

⑤ 关于三维元件，电子仿真软件 Multisim 10 中有 23 种，且其参数不能修改，只能搭建一些简单的演示电路，但它们可以与其他元件混合组建仿真电路。

# 5.4　**Multisim 软件菜单工具栏**

软件以图形界面为主，采用菜单、工具栏和热键相结合的方式，具有一般 Windows 应用软件的界面风格，用户可以根据自己的习惯和熟悉程度自如使用。

## 5.4.1　菜单栏简介

菜单栏位于界面的上方，通过菜单栏可以对 Multisim 的所有功能进行操作。不难看出，菜单中有一些与大多数 Windows 平台上的应用软件一致的功能选项，如 File、Edit、View、Options、Help。此外，还有一些 EDA（电子设计自动化）软件专用的选项，如 Place、Simulation、Transfer、Tools 等。

1. File

File 菜单中包含了对文件和项目的基本操作及打印等命令。各命令及功能如下。

New：建立新文件。

Open：打开文件。

Close：关闭当前文件。

Save：保存。

Save As：另存为。

New Project：建立新项目。

Open Project：打开项目。

Save Project：保存当前项目。

Close Project：关闭项目。

Version Control：版本管理。

Print Circuit：打印电路。

Print Report：打印报表。

Print Instrument：打印仪表。

Recent Files：最近编辑过的文件。

Recent Project：最近编辑过的项目。

Exit：退出 Multisim。

2. Edit

Edit 命令提供了类似于图形编辑软件的基本编辑功能，用于对电路图进行编辑。各命令及功能如下。

Undo：撤销编辑。

Cut：剪切。

Copy：复制。

Paste：粘贴。

Delete：删除。

Select All：全选。

Flip Horizontal：将所选的元件左右翻转。

Flip Vertical：将所选的元件上下翻转。

90 ClockWise：将所选的元件顺时针旋转 90°。

90 ClockWise CW：将所选的元件逆时针旋转 90°。

Component Properties：元器件属性。

3. View

用户可以通过 View 菜单决定使用软件时的视图，对一些工具栏和窗口进行控制。各命令及功能如下。

Toolbars：显示工具栏。

Component Bars：显示元器件栏。

Status Bars：显示状态栏。

Show Simulation Error Log/Audit Trail：显示仿真错误记录信息窗口。

Show Xspice Command Line Interface：显示 Xspice 命令窗口。

Show Grapher：显示波形窗口。

Show Simulate Switch：显示仿真开关。

Show Grid：显示栅格。

Show Page Bounds：显示页边界。

Show Title Block and Border：显示标题栏和图框。

Zoom In：放大显示。

Zoom Out：缩小显示。

Find：查找。

4. Place

用户可以通过 Place 命令输入电路图。各命令及功能如下。

Place Component：放置元器件。

Place Junction：放置连接点。

Place Bus：放置总线。

Place Input/Output：放置输入/输出接口。

Place Hierarchical Block：放置层次模块。

Place Text：放置文字。

Place Text Description Box：打开电路图描述窗口，编辑电路图描述文字。

Replace Component：重新选择元器件替代当前选中的元器件。

Place as Subcircuit：放置子电路。

Replace by Subcircuit：重新选择子电路替代当前选中的子电路。

5. Simulation

用户可以通过 Simulation 菜单执行仿真分析命令。各命令及功能如下。

Run：执行仿真。

Pause：暂停仿真。

Default Instrument Settings：设置仪表的预置值。

Digital Simulation Settings：设定数字仿真参数。

Instruments：选用仪表（也可通过工具栏选择）。

Analyses：选用各项分析功能。

Postprocess：启用后处理。

VHDL Simulation：进行 VHDL 仿真。

Auto Fault Option：自动设置故障选项。

Global Component Tolerances：设置所有器件的误差。

6. Transfer

Transfer 菜单提供的命令可以完成 Multisim 对其他 EDA 软件需要的文件格式的输出。各命令及功能如下。

Transfer to Ultiboard：将所设计的电路图转换为 Ultiboard 软件所支持的文件格式。

Transfer to other PCB Layout：将所设计的电路图转换为其他电路板设计软件所支持的文件格式。

Backannotate From Ultiboard：将在 Ultiboard 中所做的修改标记到正在编辑

的电路中。

Export Simulation Results to MathCAD：将仿真结果输出到 MathCAD。

Export Simulation Results to Excel：将仿真结果输出到 Excel。

Export Netlist：输出电路网表文件。

7. Tools

Tools 菜单主要针对元器件的编辑与管理的命令。各命令及功能如下。

Create Components：新建元器件。

Edit Components：编辑元器件。

Copy Components：复制元器件。

Delete Component：删除元器件。

Database Management：启动元器件数据库管理器，进行数据库的编辑管理工作。

Update Component：更新元器件。

8. Options

通过 Options 菜单可以对软件的运行环境进行定制和设置。各命令及功能如下。

Preference：设置操作环境。

Modify Title Block：编辑标题栏。

Simplified Version：设置简化版本。

Global Restrictions：设定软件整体环境参数。

Circuit Restrictions：设定编辑电路的环境参数。

9. Help

Help 菜单提供了对 Multisim 的在线帮助和辅助说明。各命令及功能如下。

Multisim Help：Multisim 的在线帮助。

Multisim Reference：Multisim 的参考文献。

Release Note：Multisim 的发行申明。

About Multisim：Multisim 的版本说明。

### 5.4.2  工具栏简介

Multisim 10 提供了多种工具栏，并以层次化的模式加以管理，用户可以通过 View 菜单中的选项方便地将顶层的工具栏打开或关闭，再通过顶层工具栏中的按钮来管理和控制下层的工具栏。通过工具栏，用户可以直接地使用软件的各项功能。

顶层的工具栏包括 Standard 工具栏、Design 工具栏、Zoom 工具栏、Simulation 工具栏。

（1）Standard 工具栏包含了常见的文件操作和编辑操作。

（2）Design 工具栏作为设计工具栏是 Multisim 的核心工具栏，通过对该工作栏按钮的操作，可以完成对电路从设计到分析的全部工作，其中的按钮可以直接开关下层的工具栏：Component 中的 Multisim Master 工具栏，Instrument 工具栏。

① Multisim Master 工具栏作为元器件（Component）工具栏中的一项，可以在 Design 工具栏中通过按钮来开关。该工具栏有 14 个按钮，每个按钮都对应一类元器件，其分类方式和 Multisim 软件元器件数据库中的分类相对应，通过按钮上图标就可大致清楚该类元器件的类型。具体的内容可以从 Multisim 软件的在线文档中获取。

这个工具栏作为元器件的顶层工具栏，每一个按钮又可以开关下层的工具栏，下层工具栏是对该类元器件进行更细致分类的工具栏。以第一个按钮为例，这个按钮可以开关电源和信号源类的 Sources 工具栏，如图 5.4.1 所示。

图 5.4.1　按钮示例

② Instrument 工具栏集中了 Multisim 软件为用户提供的所有虚拟仪器仪表，用户可以通过按钮选择自己需要的仪器对电路进行观测。

（3）用户可以通过 Zoom 工具栏方便地调整所编辑电路的视图大小。

（4）Simulation 工具栏可以控制电路仿真的开始、结束和暂停。

### 5.4.3  Multisim 虚拟仪器及其使用

对电路进行仿真运行，通过对运行结果的分析，判断设计是否正确合理，是 EDA 软件的一项主要功能。为此，Multisim 软件为用户提供了类型丰富的虚拟仪器，可以从 Design 工具栏中的 Instrument 工具栏，或用菜单命令"Simulation"→"Instrument"选用各种仪表。在选用后，各种虚拟仪表都以面板的方式显示在电路中。

下面将 11 种虚拟仪器总结如下：

Multimeter：万用表。

Function Generator：波形发生器。

Wattermeter：功率表。

Oscilloscape：示波器。

Bode Plotter：波特图图示仪。

Word Generator：字元发生器。

Logic Analyzer：逻辑分析仪。

Logic Converter：逻辑转换仪。

Distortion Analyzer：失真度分析仪。

Spectrum Analyzer：频谱仪。

Network Analyzer：网络分析仪。

## 5.5  Multisim 软件实际应用

（1）打开 Multisim 10 软件设计环境。执行"文件"→"新建"→"原理图"命令，弹出一个新的电路图编辑窗口，工程栏同时出现一个新的名称；单击"保存"按钮，将该文件命名后保存到指定文件夹下。

这里需要说明的是：

① 文件的名字要能体现电路的功能。

② 在电路图的编辑和仿真过程中，要养成随时保存文件的习惯，以免由于没有及时保存而导致文件的丢失或损坏。

③ 最好用一个专门的文件夹来保存所有基于 Multisim 10 的例子，这样便于管理。

（2）在绘制电路图之前，需要先熟悉元件栏和仪器栏的内容，看看 Multisim 10 都提供了哪些电路元件和仪器。用户把鼠标放到元件栏和仪器栏相应的位置，系统会自动弹出元件或仪表的类型。

（3）首先放置电源。单击元件栏的放置信号源选项，出现如图 5.5.1 所示的对话框。

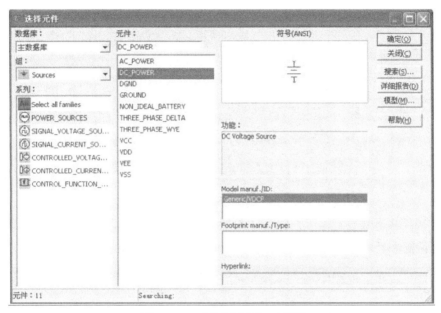

图 5.5.1　"选择元件" 对话框

① "数据库" 选项里选择 "主数据库"。

② "组" 选项里选择 "Sources"。

③ "系列" 选项里选择 "POWER_SOURCES"。

④ "元件" 选项里选择 "DC_POWER"。

⑤ 右边的 "符号" 等对话框，会根据所选项目，列出相应的说明。

（4）选择电源符号后，单击 "确定" 按钮，移动鼠标到电路编辑窗口；选择放置位置后，单击鼠标左键即可将电源符号放置于电路编辑窗口中。放置完成后，还会弹出元件选择对话框，可以继续放置，单击 "关闭" 按钮可以取消放置。

（5）放置的电源默认是 12 V，若需要的电源不是 12 V，可按如下方法修改。双击该电源符号，在弹出的对话框中选中 "参数" 选项卡（图 5.5.2），可以更改该元件的参数,如将电压改为3 V。当然,也可以更改元件的序号、引脚等属性。用户可以单击其他参数项来体验。

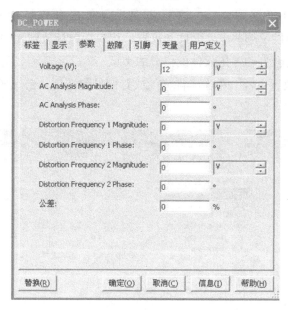

图 5.5.2    "参数"选项卡

(6)接下来放置电阻。执行"放置基础元件"命令,弹出如图5.5.3所示对话框。

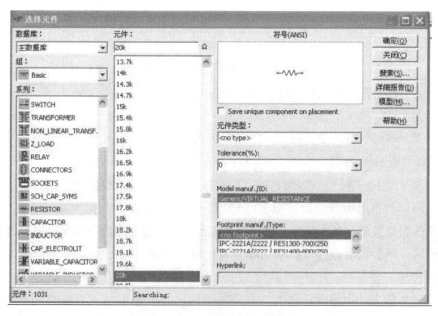

图 5.5.3    "选择元件"对话框

①"数据库"选项里选择"主数据库"。

②"组"选项里选择"Basic"。

③"系列"选项里选择"RESISTOR"。

④"元件"选项里选择"20 k"。

⑤右边的"符号"等对话框会根据所选项目，列出相应的说明。

（7）按上述方法，再放置一个 10 kΩ 的电阻和一个 100 kΩ 的可调电阻。放置完毕后，效果如图 5.5.4 所示。

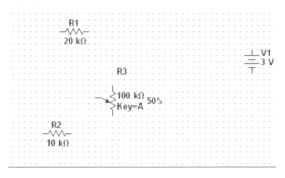

**图 5.5.4　放置元件效果图**

（8）可以看到，放置后的元件都按照默认的摆放情况被放置在编辑窗口中。电阻是默认横着摆放的，但在实际绘制电路过程中，各种元件的摆放情况是不一样的，比如：想把电阻 $R_1$ 变成竖直摆放，那该怎样操作呢？

用户可以通过如下步骤来操作。将鼠标指针放在电阻 $R_1$ 上，然后右击，在弹出的对话框中选择让元件顺时针或者逆时针旋转 90°。

如果元件摆放的位置不合适，可将鼠标指针放在元件上，按住鼠标左键拖动到合适位置。

（9）放置电压表。在仪器栏选择"万用表"，将指针移动到电路编辑窗口内，这时可以看到，鼠标上跟随着一个万用表的简易图形符号。单击鼠标，将电压表放置在合适位置。电压表的属性同样可以通过双击鼠标左键进行查看和修改。

所有元件放置好后，效果如图 5.5.5 所示。

（10）下面进入连线步骤。将光标移动到电源的正极，当指针变成✦时，表示导线已经和正极连接起来；单击将该连接点固定，然后移动鼠标到电阻 $R_1$ 的一端，出现小红点后，表示正确连接到 $R_1$；单击固定，这样一根导线就连接好了，如图 5.5.6 所示。如果想要删除这根导线，可将鼠标指针移动到该导线的任意位置，点击鼠标右键，选择"删除"即可将该导线删除，或者选中导线，直接按【Delete】键删除。

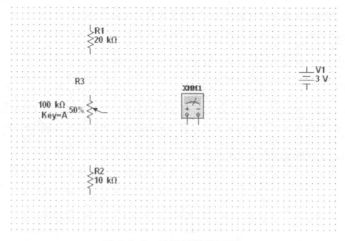

图 5.5.5　放置元件效果图

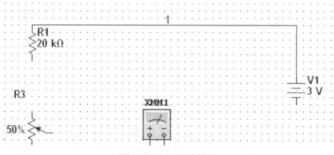

图 5.5.6　连线操作

（11）按照第（3）步的方法，放置一个公共地线，然后如图 5.5.7 所示，将各导线连接好。

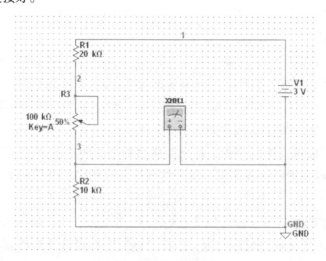

图 5.5.7　完成连线

**注意**　在电路图的绘制中，公共地线是必需的。

（12）电路连接完毕且检查无误后，就可以进行仿真了。单击仿真栏中的绿色开始按钮 ▷，电路进入仿真状态。双击图中的万用表符号，即可弹出如图 5.5.8 的对话框，这里显示了电阻 $R_2$ 上的电压。对于显示的电压值是否正确，可以进行验算：根据电路图可知，$R_2$ 上的电压值应为（电源电压×$R_2$ 的阻值）÷($R_1$、$R_2$、$R_3$ 的阻值之和），即得计算式为

$$(3.0×10×1\,000)÷[(20+10+50)×1\,000]=0.375\ V$$

经验证，电压表显示的电压正确。$R_3$ 的阻值是如何得来的呢？从图 5.5.7 中可以看出，$R_3$ 是一个 100 kΩ 的可调电阻，其调节百分比为 50%，则在这个电路中，$R_3$ 的阻值为 50 kΩ。

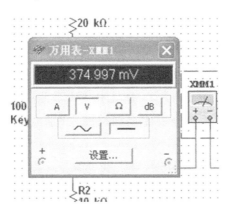

图 5.5.8　"万用表"对话框

（13）关闭仿真，改变 $R_2$ 的阻值，按照第（12）的步骤再次观察 $R_2$ 上的电压值，会发现随着 $R_2$ 阻值的变化，其电压值也随之变化。

**注意**　在改变 $R_2$ 阻值的时候，最好关闭仿真。另外，一定要及时保存文件。

这样，我们大致熟悉了如何利用 Multisim 10 来进行电路仿真，以后就可以利用电路仿真来学习数字电路。

# 参考文献

［1］范瑜，徐健，冀红，等．电子信息类专业创新实践教程［M］．北京：科学出版社，2016.

［2］顾江．电子设计与制造实训教程［M］．西安：西安电子科技大学出版社，2016.

［3］陈明义．电子技术课程设计实用教程［M］．3 版．长沙：中南大学出版社，2010.

［4］席巍，方新．电子电路 CAD 技术［M］．北京：科学出版社，2008.

［5］何兆湘，卢钢．电子技术实训教程［M］．武汉：华中科技大学出版社，2015.

［6］郭志雄．电子工艺技术与实践［M］．2 版．北京：机械工业出版社，2016.

［7］舒英利，温长泽．电子工艺与电子产品制作［M］．北京：中国水利水电出版社，2015.

［8］韩国栋．电子工艺技术基础与实训［M］．北京：国防工业出版社，2011.

［9］张波，许力，刘岩恺．电子工艺学教程［M］．北京：清华大学出版社，2012.

［10］顾涵．电工电子技能实训教程［M］．西安：西安电子科技大学出版社，2017.

［11］顾涵．EDA 技术实践教程［M］．西安：西安电子科技大学出版社，2017.

［12］润众教材编写组．模拟数字电路实验指导书［Z］．南京：南京润众科技有限公司，2021.

附录

Vivado 操作入门

　　Vivado 设计软件是 Xilinx 公司发布的集成设计环境，包括高度集成的设计环境和新一代从系统到 IC 级的工具，这些均建立在共享的可扩展数据模型和通用调试环境基础上。这也是一个基于 AMBA-AXI4 互联规范、IP-XACT IP 封装元数据、工具命令语言（TCL）、Synopsys 系统约束（SDC）及其他有助于根据用户需求量身定制设计流程并符合业界标准的开放式环境。Xilinx 公司构建的 Vivado 工具把各类可编程技术结合在一起，能够扩展多达 1 亿个等效 ASIC 门的设计。本附录以全加器功能实现为例来介绍如何使用 Vivado 开发工具。

　　具体操作方法如下。

　　（1）新建一个工程，如附图 1 所示，再单击"Next"按钮。

附图 1　新建工程界面

　　（2）输入工程名（字母或下划线开头），选择工程路径（注意不要有中文），如附图 2 所示；单击"Next"按钮，弹出如附图 3 所示的对话框，再次单击"Next"按钮。

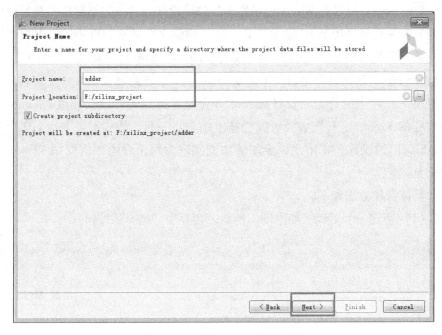

附图 2　工程名及工程路径设置

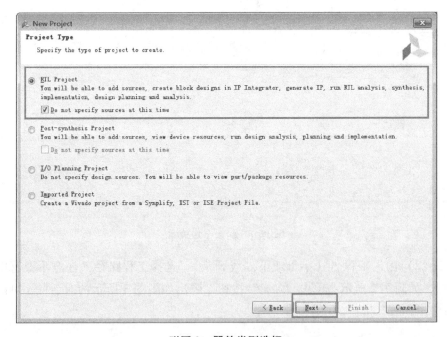

附图 3　器件类型选择

（3）选择器件"xc7a35tcpg236-1"（若选择其他器件，需注意申请的 license 能否支持），如附图 4 所示，再单击"Next"按钮。

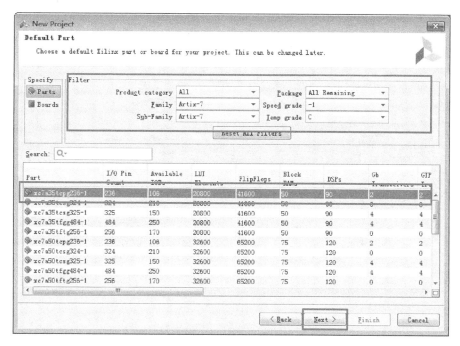

附图 4　器件型号选择

（4）新建工程设置完毕，单击"Finish"按钮，如附图 5 所示。

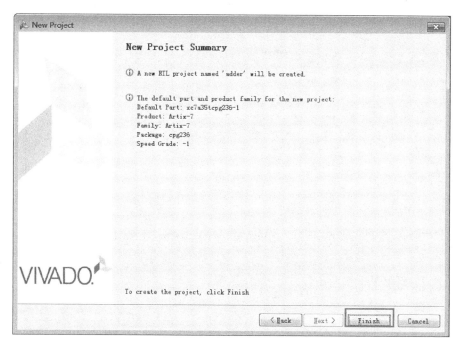

附图 5　新建工程完成

(5) 单击"Add Sources",创建源文件,如附图 6 所示。

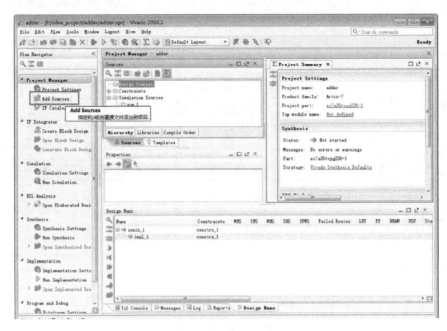

附图 6　创建源文件

(6) 选中"Add or Create Design Sources"单选按钮,再单击"Next"按钮,如附图 7 所示。

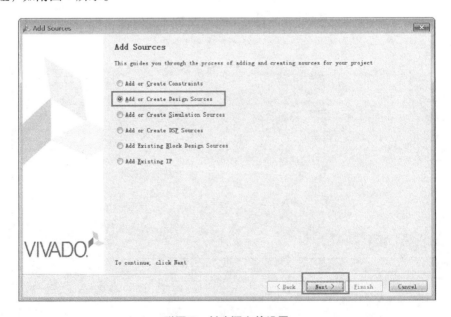

附图 7　创建源文件设置

（7）单击"Create File"，创建文件，如附图 8 所示。

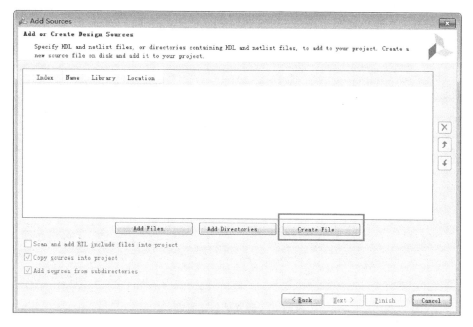

附图 8　创建文件

（8）输入文件名"adder"，单击"OK"按钮，如附图 9 所示。

附图 9　设置文件名称

（9）单击"Finish"按钮，完成源文件的创建，如附图 10 所示。

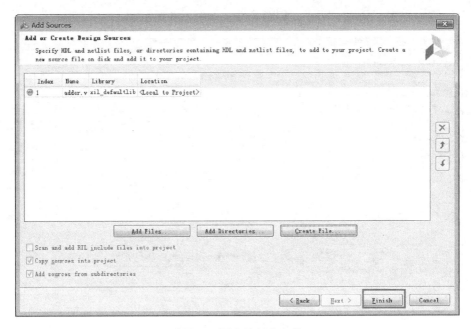

附图 10　源文件创建完成

（10）设置 I/O 名称和方向，如附图 11 所示，再单击"OK"按钮。

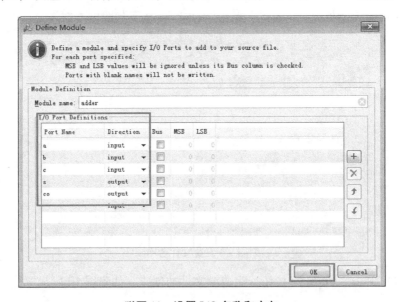

附图 11　设置 I/O 名称和方向

（11）双击"adder（adder.v）"，打开程序设计窗口，如附图 12 所示。

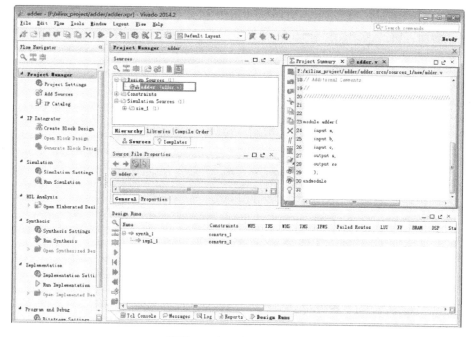

附图 12　打开程序设计窗口

（12）输入语句"assign {co,s} =a+b+c;"，保存后，单击"Run Synthesis"，如附图 13 所示。

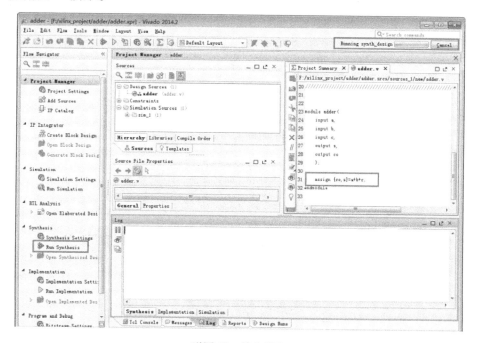

附图 13　输入语句

（13）完成后，在弹出的对话框（附图 14）中选中"Run Implementation"单选按钮，再单击"OK"按钮。

附图 14    "Synthesis Completed"对话框

（14）在弹出的对话框（附图 15）中选中"Open Implemented Design"单选按钮，再单击"OK"按钮，弹出如附图 16 所示的对话框。

附图 15    "Implementation Completed"对话框

附图 16    生效操作进度条

（15）选择"I/O Planning"，展开相应引脚，如附图 17 所示。

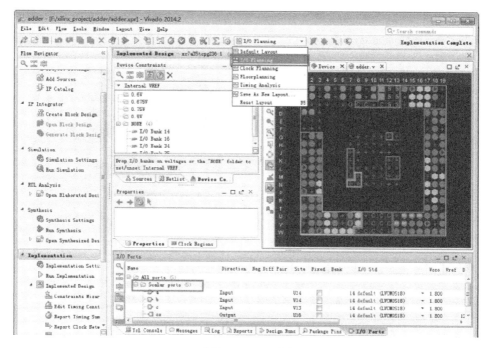

附图 17　展开引脚

（16）查看 Basys3 开发板手册，分配对应引脚。此处改成 LVCMOS33，如附图 18 所示，将引脚设置成 3.3 V 输出。

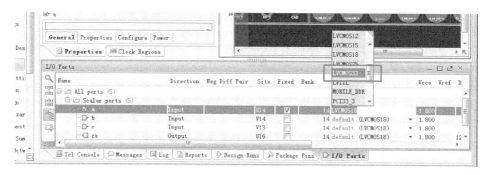

附图 18　分配引脚

（17）分配好引脚之后，单击"Save"按钮，如附图 19 所示。

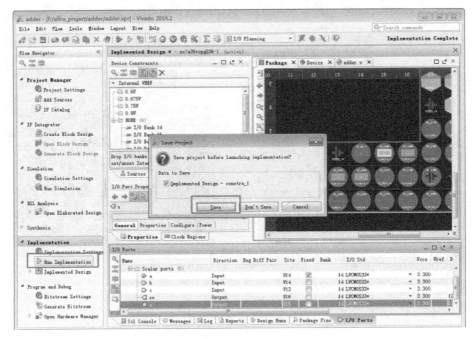

附图 19　保存

（18）保存完成之后，在弹出的对话框中选中"Generate Bitstream"单选按钮，再单击"OK"按钮，如附图 20 所示。

附图 20　"Implementation Completed"对话框

（19）在弹出的对话框中选中"Open Hardware Manager"单选按钮，再单击"OK"按钮，如附图 21 所示。后续操作参照附图 22~附图 24 进行，注意后续操作需要连接开发板。

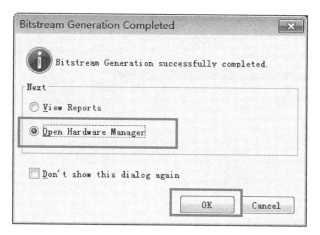

附图 21 "Bistream Generation Completed" 对话框

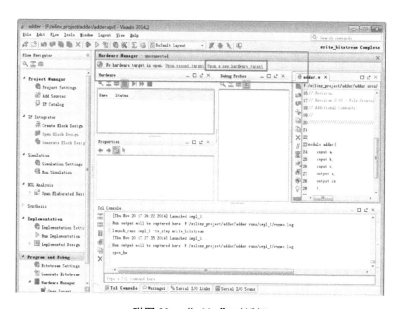

附图 22 "adder" 对话框

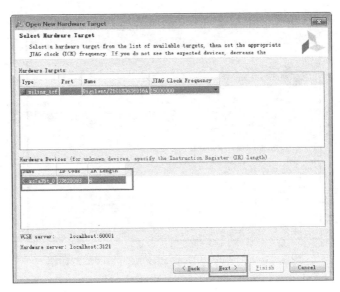

附图 23    "Open New Hardware Target"对话框

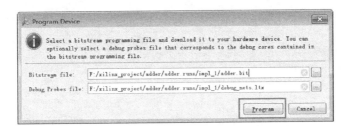

附图 24    "Program Device"对话框